BEI GRIN MACHT SICH IHR WISSEN BEZAHLT

- Wir veröffentlichen Ihre Hausarbeit, Bachelor- und Masterarbeit

- Ihr eigenes eBook und Buch - weltweit in allen wichtigen Shops

- Verdienen Sie an jedem Verkauf

Jetzt bei www.GRIN.com hochladen und kostenlos publizieren

Jürgen Nagel-Volkmann

Das Unterrichtskonzept "Kooperativer WebQuest"

Entwicklung und Umsetzung anhand einer Unterrichtseinheit über das Thema "Chancen und Risiken der Gentechnologie" in der Sekundarstufe II

GRIN Verlag

Bibliografische Information der Deutschen Nationalbibliothek:

Die Deutsche Bibliothek verzeichnet diese Publikation in der Deutschen Nationalbibliografie; detaillierte bibliografische Daten sind im Internet über http://dnb.d-nb.de/ abrufbar.

Dieses Werk sowie alle darin enthaltenen einzelnen Beiträge und Abbildungen sind urheberrechtlich geschützt. Jede Verwertung, die nicht ausdrücklich vom Urheberrechtsschutz zugelassen ist, bedarf der vorherigen Zustimmung des Verlages. Das gilt insbesondere für Vervielfältigungen, Bearbeitungen, Übersetzungen, Mikroverfilmungen, Auswertungen durch Datenbanken und für die Einspeicherung und Verarbeitung in elektronische Systeme. Alle Rechte, auch die des auszugsweisen Nachdrucks, der fotomechanischen Wiedergabe (einschließlich Mikrokopie) sowie der Auswertung durch Datenbanken oder ähnliche Einrichtungen, vorbehalten.

Impressum:

Copyright © 2007 GRIN Verlag GmbH
Druck und Bindung: Books on Demand GmbH, Norderstedt Germany
ISBN: 978-3-638-84944-9

Dieses Buch bei GRIN:

http://www.grin.com/de/e-book/79290/das-unterrichtskonzept-kooperativer-web-quest

GRIN - Your knowledge has value

Der GRIN Verlag publiziert seit 1998 wissenschaftliche Arbeiten von Studenten, Hochschullehrern und anderen Akademikern als eBook und gedrucktes Buch. Die Verlagswebsite www.grin.com ist die ideale Plattform zur Veröffentlichung von Hausarbeiten, Abschlussarbeiten, wissenschaftlichen Aufsätzen, Dissertationen und Fachbüchern.

Besuchen Sie uns im Internet:

http://www.grin.com/

http://www.facebook.com/grincom

http://www.twitter.com/grin_com

Das Unterrichtskonzept „Kooperativer WebQuest“

Entwicklung und Umsetzung anhand einer Unterrichtseinheit über das Thema „Chancen und Risiken der Gentechnologie“ in der Sekundarstufe II

Eine revidierte Hausarbeit,
ursprünglich eingereicht am Studienseminar Paderborn

Verfasser:
Dr. Jürgen Nagel-Volkmann

November 2007

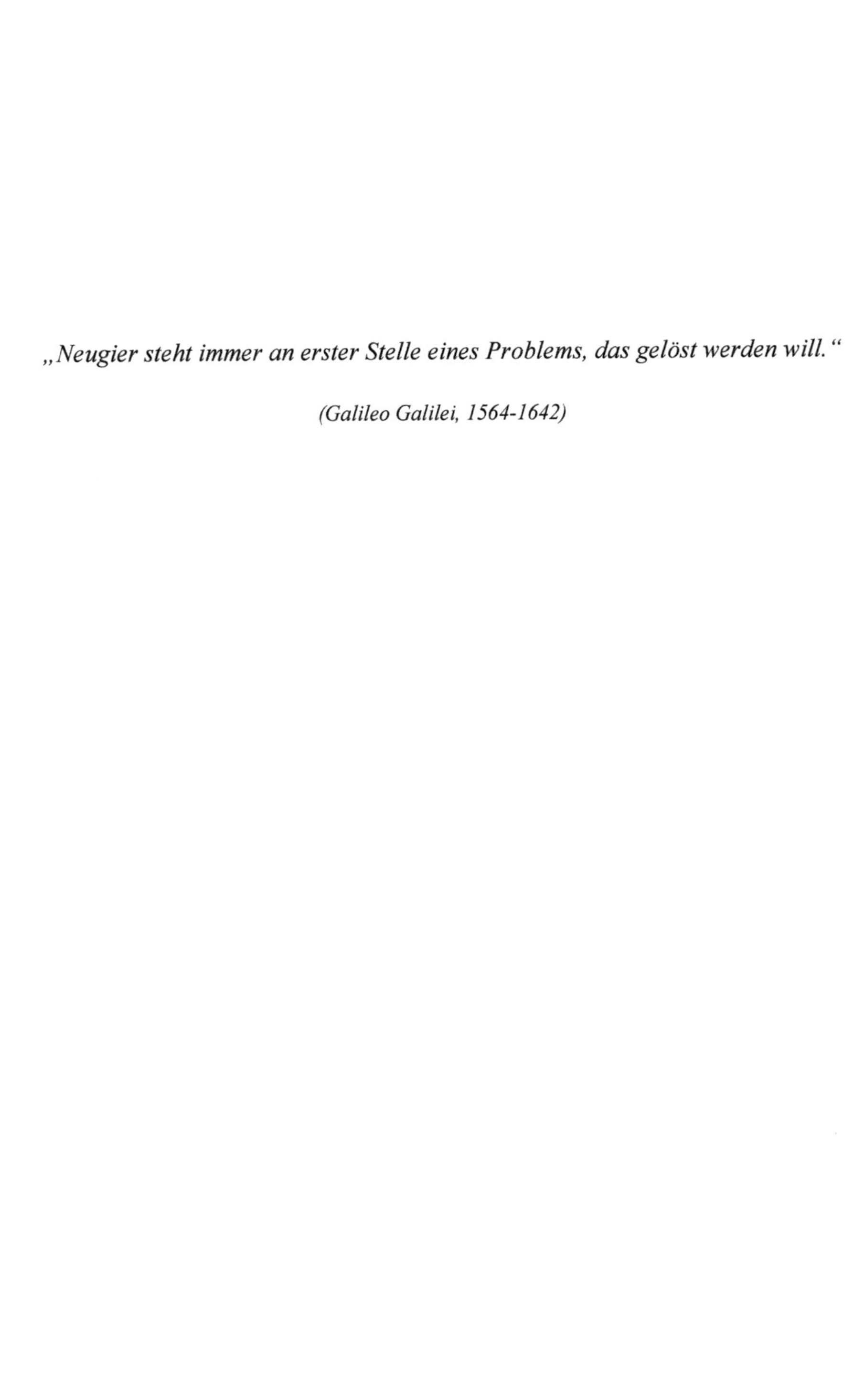

„Neugier steht immer an erster Stelle eines Problems, das gelöst werden will."

(Galileo Galilei, 1564-1642)

Inhaltsverzeichnis

Hinweis:

Die Querverweise zu Kapiteln, Seitenzahlen, Abbildungen und Tabellen sind in der elektronischen Fassung dieses Dokumentes Hyperlinks. Durch Drücken der linken Maustaste gelangt man an die entsprechende Stelle.

1. Einleitung

1.1. Gegenstand und Erkenntnisinteresse dieser Arbeit

In den Richtlinien für den Biologieunterricht in der Sekundarstufe II (Richtlinien und Lehrpläne für die Sekundarstufe II, Gymnasium/Gesamtschule, in Nordrhein-Westfalen: Biologie) ist hervorgehoben, dass der Auftrag des Unterrichts und der Erziehung in der gymnasialen Oberstufe sowohl in der wissenschaftspropädeutischen Ausbildung als auch in der „Hilfe zur persönlichen Entfaltung in sozialer Verantwortlichkeit" bestehe (Seite XI). Die Schülerinnen und Schüler - im Folgenden „Schüler/-innen" genannt - sollten „in der aktiven Mitwirkung am Leben in einem demokratisch verfassten Gemeinwesen unterstützt werden" (Seite XIV). Im Lehrplan derselben Schrift heißt es: „Die Erkenntnisfortschritte in den Biowissenschaften und der Medizin [...] erfordern [...] eine Diskussion der [...] Maßstäbe des Umgangs und des Bewertens dieser neuen Technologien. Eine derartige Auseinandersetzung mit ethischen Fragen ist daher im Biologieunterricht unabdingbar (Seite 6)." Im Biologieunterricht in der Sekundarstufe II sollen also neue Technologien der Biowissenschaften sowohl fachlich thematisiert als auch kritisch hinterfragt werden. Dieser Anspruch spiegelt sich im Lehrplan für die Jahrgangsstufe 12 der gymnasialen Oberstufe wieder, in welchem im Bereich „Angewandte Genetik" die „Darstellung kontroverser Positionen zur Gentechnologie" als obligatorisch angegeben wird.

Diese „Darstellung kontroverser Positionen zur Gentechnologie" bildete den Ausgangspunkt des in dieser Arbeit vorgestellten Unterrichtskonzeptes. In Rahmen meiner bisherigen beruflichen Tätigkeit habe ich gentechnisch veränderte Pflanzen hergestellt und mich mit Aspekten der sog. Technikfolgenabschätzung beschäftigt. Immer wieder habe ich es dabei erlebt, wie Meinungen „für oder gegen Gentechnologie" geäußert wurden, ohne dass diese auf bestimmte „Gen-Technologien" bezogen worden wären und damit differenziert hätten begründen werden können. Deshalb ist es mir ein Anliegen, den Schüler/-innen eine begründete Pro- oder Kontra-Positionierung hinsichtlich der Frage zu ermöglichen, *ob einzelne Gentechnologien vor dem Hintergrund ihrer möglicherweise existierenden Chancen und ihrer möglicherweise existierenden Risiken aus ihrer Sicht erstrebenswert sind oder nicht.*

Derartige Fragen sind seit langem Gegenstand öffentlicher Debatten und nach wie vor aktuell und knüpfen damit an die Lebenswirklichkeit der Schüler/-innen an.

Die bloße Darstellung kontroverser Positionen, wie sie im Lehrplan gefordert ist, würde für eine Positionsfindung allerdings nicht genügen. Diese erfordert die eigenständige Beschäftigung mit der Thematik auf der Basis fundierter Fachkenntnisse. Die Vermittlung des erforderlichen Fachwissens durch den Lehrer könnte die Schüler/-innen vor die Frage stellen, inwieweit die Informationen einseitig ausgewählt sein und damit beeinflussend wirken könnten – insbesondere, wenn der Lehrer - wie in meinem Fall - vorher selbst gentechnisch gearbeitet hat.

Die Auswahl der Informationen durch die Schüler/-innen selbst könnte allerdings ebenfalls zu Einseitigkeit führen - sei es als Folge der Komplexität des Themas oder weil bewusst oder unbewusst eine bestehende Position bestätigt werden soll. Dies war die Herausforderung für das in dieser Arbeit vorgestellte Unterrichtskonzept: Die Gratwanderung zwischen eigenständiger Erarbeitung der Fachinhalte und der Pro- oder Kontra-Positionierung der Schüler/-innen einerseits, und erforderlicher Hilfestellung durch den Lehrer andererseits. Die Schüler/-innen sollten eigenständig und konstruktiv lernen können, ohne mit einer unüberschaubaren Fülle an Informationen „allein gelassen“ zu sein und ohne in ihrer Positionsfindung beeinflusst zu werden. Diese Gratwanderung sollte mittels eines Unterrichtskonzeptes ermöglicht werden, das u.a. auf der Unterrichtsmethode „WebQuest“ (1.2) basiert.

1.2. Die Unterrichtsmethode „WebQuest“

PISA, TIMMS, Sinus-Transfer & Co unterstreichen die Notwendigkeit der Förderung der Selbstregulation des Lernens für die Erlangung der Studierfähigkeit. Baumert und Klieme (2000) und Klieme et al. (2001) schreiben hierzu:

> „Unter den Gesichtspunkten von Studierfähigkeit und Wissenschaftspropädeutik steht die Förderung der Selbstregulation des Lernens, das heißt der Bereitschaft und Fähigkeit, Verantwortung für das eigene Lernen zu übernehmen [...] [und] dieses [...] selbstständig zu steuern [...], im Mittelpunkt des Auftrags der gymnasialen Oberstufe [...]. Selbstreguliertes Lernen lässt sich als zielorientierter Prozess des aktiven und konstruktiven Wissenserwerbs beschreiben [...].“

Der Aspekt der Selbstregulation des Lernens ist indes nicht neu. Er findet sich in dem Ausspruch der Montessori-Pädagogik „Hilf mir, es selbst zu tun“. Neurobiologische Untersuchungen belegen die Thesen der kognitiven Lerntheorie und der konstruktivistischen Didaktik, nach welchen Lernen ein aktiver Aneignungsprozess ist (Scheunpflug, 2005).

Im Unterricht kann dieser aktive Lernprozess durch eine problem- und handlungsorientierte Herangehensweise (Price 2003) und durch kooperative Lernformen ermöglicht werden, welche den Schüler/-innen Verantwortung für den eigenen Lernprozess einräumen (Brüning & Saum, 2006).

„E-Learning" mit digitalen Medien kann zu derartigen Unterrichtsformen beitragen, wenn das Arbeiten am Computer nicht Selbstzweck, sondern in ein entsprechendes didaktisches Konzept eingebettet ist (Kron & Sofos, 2003; Tulodziecki & Herzig, 2004; Kerres, 2007).

Die Tatsache, dass im Jahr 2005 etwa 70 Prozent der deutschen Bevölkerung über einen Computer verfügten (Online im Internet: http://www.destatis.de/download/ jahrbuch/5_informationsgesellschaft.pdf; 26.5.2007) und die „Neuen Medien" somit inzwischen eher „alte" Medien sind, steht nach Moser (2000) und Staiger (2001) in einem Missverhältnis zu der Anzahl entsprechender didaktischer Konzepte im deutschsprachigen Raum.

Ein didaktisches Konzept für die sinnvolle Nutzung des Internets im Schulunterricht wurde im Jahre 1995 von B. Dodge an der San Diego State University, USA, entwickelt und „WebQuest" genannt (Online im Internet: http://webquest.sdsu.edu/ about_webquests.html; 26.5.2007). Die Wortkomponente „Web" leitet sich vom „Word Wide Web" ab, das aus dem Englischen stammende „Quest" bezeichnete ursprünglich eine anforderungsreiche Suche.

Nach der Definition von Dodge ist ein „WebQuest" eine entdeckungsorientierte Aktivität, bei der einige oder alle der Informationen, mit denen sich der Lernende auseinandersetzt, von Quellen aus dem Internet stammen:

> "A WebQuest is an inquiry-oriented activity in which some or all of the information that learners interact with comes from resources on the internet [...]. (Online im Internet: http://webquest.sdsu.edu/about_webquests.html; 26.5.2007).

Nach einer Definition von Nolte (2006) sind WebQuests „computergestützte Lernumgebungen, die Lernenden die Möglichkeit bieten, eigenständig und handlungsorientiert [...] selbst Wissen zu konstruieren [...]".

Allen WebQuests ist eines gemeinsam: Zu klar umrissenen Themen werden Informationen u.a. im Internet recherchiert und für eine abschließende Präsentation aufbereitet. Die Art der Lernumgebung, der Recherche und der Präsentation variieren. In amerikanischen WebQuests sind die Informationsquellen typischerweise in Form von Internetlinks vorgegeben, während diese in europäischen WebQuest oftmals von den Lernenden selbst gesucht, genutzt und dokumentiert werden und damit das WebQuest durch die Lernenden selbst entsteht (Moser, 2000).

Nach Nolte (2006) sind WebQuests mehr oder weniger einheitlich strukturiert: Einführung, Aufgabenstellung, Prozess, Ressourcen, Präsentation und Bewertung folgen aufeinander. Die Einführung beginnt nach Nolte (2006) mit einer „möglichst authentischen Problemfrage". Die Aufgabenstellung hinge in ihrer Komplexität und ihrem Niveau vom Thema und von der Zielgruppe ab. Im „Prozess" würden Hilfen und Tipps sowie Handlungsanweisungen gegeben. Außer geeigneten Internetlinks würden weitere Materialien verwendet werden können. Bei der „Bewertung" würde es sich um die Evaluation des vorangegangenen Lernprozesses handeln (Nolte, 2006). Aus der Beschreibung von Nolte (2006) ist ersichtlich, dass die Struktur eines Web-Quests zu einer Problem- und Handlungsorientierung führt. Die bloße Internetrecherche - mit oder ohne vorgegebenen Links - ohne Präsentation und ohne Fragestellung ist somit noch kein WebQuest.

Mittlerweile gibt es diverse WebQuest-Foren im Internet, die WebQuests zu unterschiedlichen Themen zur Verfügung stellen (Online im Internet: http://www.webquest.org; http://www.webquests.ch/webquests; 26.5.2007) sowie kostenlos zugängliche WebQuest-Generatoren für die Erzeugung von WebQuests (Online im Internet: http://www.aula21.net/Wqfacil/webeng.htm; http://www.zebis.ch/ tools/easywebquest; 26.5.2007)

2. Ziele der Arbeit

Ziel des hier vorgestellten Projektes war die Entwicklung, Durchführung und „Evaluation" eines Unterrichtskonzeptes, welches Schüler/-innen eines Biologie-Leistungskurses der Jahrgangsstufe 12 eine fachlich fundierte und begründete Pro- oder Kontra-Positionierung hinsichtlich der Frage ermöglicht, *ob einzelne Gentechnologien vor dem Hintergrund ihrer möglicherweise existierenden Chancen und ihrer möglicherweise existierenden Risiken aus ihrer Sicht erstrebenswert sind oder nicht.*

Das Einnehmen der Position sollte dabei vom Lehrer möglichst unbeeinflusst in Zusammenarbeit mit MitSchüler/-innen und letztlich eigenständig erfolgen. Selbstgesteuertes Lernen und soziale Kompetenzen besonders im kooperativen Bereich sollten durch das Konzept gefördert werden.

Ziele dieser Arbeit sind die Vorstellung des Projektes in Form der Begründung des Konzeptes (1), der Dokumentation der Durchführung (4) und der „Evaluation" (5) der Unterrichtseinheit. Schließlich sollen Entwicklungsmöglichkeiten des Konzeptes aufgezeigt werden (1).

3. Entwicklung des Unterrichtskonzeptes zum Thema „Chancen und Risiken der Gentechnologie“ für die Sekundarstufe II

3.1. Lehr- und Lernvoraussetzungen

Das Unterrichtskonzept sollte für einen Biologie-Leistungskurs der Jahrgangsstufe 12 entwickelt werden. Die Lerngruppe bestand aus 7 Schülerinnen und 9 Schülern des Städtischen Gymnasiums Gütersloh, Nordrhein-Westfalen, Deutschland. Die Schüler/-innen hatten bis zum Beginn der Durchführung der hier vorgestellten Unterrichtseinheit Inhalte der „klassischen“ Genetik behandelt und noch keine molekulargenetischen Vorkenntnisse. Es wäre für die Durchführung einer Unterrichtsreihe über Chancen und Risiken der Gentechnologie (im folgenden kurz „Unterrichtseinheit“ genannt) nützlich, wenn zuvor zumindest grundlegende Kenntnisse über molekularbiologische Methoden und Zusammenhänge vorhanden wären. Es läge damit nahe, die Unterrichtseinheit an das Ende einer Unterrichtsreihe über Molekulargenetik zu stellen.

Dies war aus organisatorischen Gründen jedoch nicht möglich. Die Unterrichtseinheit konnte lediglich nach der Unterrichtsreihe über klassische Genetik und vor einer Unterrichtsreihe über Molekulargenetik stattfinden. Zudem stand ein Zeitrahmen von lediglich zwei Wochen bzw. zehn Unterrichtsstunden á 45 Minuten zur Verfügung. Die Dichte der Lerninhalte pro Zeiteinheit in Zeiten des Zentralabiturs war die Ursache hierfür. Diese beiden Lernvoraussetzungen - keine molekularbiologischen Vorkenntnisse und ein auf zehn Unterrichtsstunden begrenzter Zeitrahmen - bedingten die Lehrvoraussetzungen und beeinflussten die Konzeption der Unterrichtseinheit (3.4). Dies sollte der Unterrichtseinheit jedoch nicht zum Nachteil gereichen – im Gegenteil: die Lehr- und Lernvoraussetzungen förderten die Konzeption einer Unterrichtseinheit, die unabhängig von den molekularbiologischen Vorkenntnissen der Schüler/-innen, für sich allein stehend, den Zugang zu und die Auseinandersetzung mit Aspekten der Gentechnologie ermöglicht - und dies eben auch in Zeiten des Zentralabiturs. Die Unterrichtseinheit kann damit flexibel in den Unterricht der Jahrgangsstufe 12 integriert werden. Im hier vorgestellten Fall erfüllte sie die Funktion eines an die Lebenswirklichkeit der Schüler/-innen anknüpfenden motivierenden Einstiegs in die Molekularbiologie.

3.2. Sachanalyse und didaktische Analyse

Die Auseinandersetzung mit möglichen Chancen und möglichen Risiken der Gentechnologie setzt voraus, sich über den Begriff der Gentechnologie und dessen Definition und Abgrenzung zu ähnlich verwendeten Begriffen klar zu werden.

Nach Ibelgaufts (1993) würden bei der Gentechnologie *molekularbiologische* Strategien und Methoden eingesetzt, mit denen Gene isoliert und neue (artübergreifende) Kombinationen von Genen oder DNA-Abschnitten hergestellt werden, die zum Teil in dieser Form in ursprünglichen Organismen nicht vorkommen. Der Begriff der Molekularbiologie wiederum entstand in den 1930er Jahren, als versucht wurde, die Struktur der Erbsubstanz mittels biophysikalischer und biochemischer Verfahren aufzuklären. Des Weiteren gibt es den Begriff der Molekulargenetik, mit dem der Zweig der Molekularbiologie beschrieben wird, der sich explizit mit der Struktur und der Funktion derjenigen Moleküle befasst, die an der Vererbung beteiligt sind (Brown, 1999). Die beiden Begriffe Molekularbiologie und Molekulargenetik werden synonym gebraucht. Bei der Gentechnologie werden Gene neu (und damit möglicherweise auch: re-) kombiniert. Gentechnologie wird deshalb auch rekombinante DNA-Technologie genannt. Vor etwa 8000 Jahren kreuzten die Einwohner Amerikas zwei Mutanten der Teosinte-Pflanze und bewirkten damit eine Genduplikation auf dem Chromosom 2 - es entstand die Mais-Pflanze (Online im Internet: http://www.biokurs.de/skripten/13/bs13-10.htm; 26.5.2007).

Eine solche Neukombination von Genen allein genügt für die Definition der „Gentechnologie" jedoch nicht. Das Entscheidende ist, dass bestimmte DNA-Abschnitte gezielt verwendet werden. Man weiß in diesem Sinne, was man tut. Deshalb wird auch von „Genetic Engineering" gesprochen.

Genetic Engineering kann zu veränderten und erwünschten Eigenschaften eines Organismus führen. Gentechnologie ist somit eine „Biotechnologie". Gentechnologie wird auch „Gentechnik" genannt.

Die Herstellung veränderter Organismen kann über klassische Züchtung oder gentechnisch erfolgen (Heß, 1992; Odenbach, 1997). Die somatische Gentherapie oder die Keimbahntherapie erfordert die Verwendung von Gentechnologien (Weber, 2002). Therapeutisches Klonen mittels Stammzellen hingegen kann gänzlich ohne Gentechnologie erfolgen (Weber, 2002; online im Internet: http://www.quarks.de /gentherapie/ 0601.htm; 26.5.2007).

Die Vielfalt der Anwendungsmöglichkeiten der Gentechnologie auf der einen Seite und der begrenzte Zeitrahmen von zwei Wochen auf der anderen Seite erforderte die Auswahl einzelner Themen für die Unterrichtseinheit.

Therapeutisches Klonen mittels Stammzellen wurde angesichts einer politischen Debatte im Bundestag vor Beginn der Unterrichtseinheit wiederholt von der Tagespresse aufgegriffen und hatte dadurch Gegenwartsbedeutung. Beim therapeutischen Klonen brauchen jedoch keine gentechnologischen Verfahren eingesetzt zu werden (siehe oben), und im Internet ist bereits ein WebQuest über Stammzellentherapie vorhanden (Online im Internet: http://www.free.pages.at/rw_rpi/Schule/Webquest%20 Klonen% 20E5a/klonen _index.htm; 26.05.07). Die Herstellung gentechnisch veränderter Organismen und die Gentherapie waren somit mögliche thematische Schwerpunkte der Unterrichtseinheit.

Die Thematisierung der Herstellung gentechnisch veränderter Organismen ermöglicht den Vergleich der sog. „roten" und „grünen" Gentechnologien mit deren jeweiligen Zielsetzungen, Verfahrensweisen und möglichen Auswirkungen. Die vergleichende Beurteilung erfordert einen differenzierten Blick und fördert vernetztes Denken. Sie kann zu der Erkenntnis führen, dass es „die Gentechnologie" im Sinne „einer" Gentechnologie nicht gibt, sondern dass es sich um Techniken handelt, die zu unterschiedlichen Zwecken eingesetzt werden können.

Zudem würden Fragen aufgeworfen, die unmittelbar an die Lebenswirklichkeit der Schüler/-innen anknüpfen („Will ich genetisch veränderte Pflanzen essen?"). Dies gilt gleichermaßen für die Auseinandersetzung mit gentherapeutischen Verfahren („Werden `unheilbare´ Erbkrankheiten heilbar?"). Beide Aspekte sind für die Schüler/-innen möglicherweise gleichermaßen interessant. Die Auswahl des Themas durch die Schüler/-innen selbst bietet sich deshalb an und könnte die intrinsische Motivation fördern helfen.

3.3. Lernziele für die gesamte Unterrichtseinheit

Die Schüler/-innen sollten...

Kognitive Ziele:

- bestimmte Gentechnologien beschreiben und erklären können,
- die Verwendungsmöglichkeiten der Gentechnologien nennen und erklären können,
- tatsächlich und/oder möglicherweise existierende Chancen und Risiken der Verwendung bestimmter Gentechnologien gegenüberstellen und begründen können,

Kognitiv-affektives Ziel:

- in einer Debatte „Für oder gegen die Verwendung von Gentechnologie" auf der Basis der fachlich begründeten Gegenüberstellung der Chancen und Risiken der Verwendung bestimmter Gentechnologien sowie aufgrund ethischer Aspekte Stellung beziehen können.

Methodisch-soziale Ziele

- sich zum Erreichen der fachlichen Ziele den Lernprozess in einem vorgegebenen Rahmen selbst organisieren können, indem sie Arbeitsgruppen bilden, die Arbeit in der Gruppe aufteilen und anschließend ein gemeinsames Produkt in Form einer PowerPoint-Präsentation erstellen,
- PowerPoint-Dokumente erstellen und deren fachliche Inhalte in einem Vortrag präsentieren und erklären können.

Diese Hauptziele bedingten die Planung der Unterrichtsstunden und deren zeitlicher Abfolge anhand von Teilzielen. Die Teilziele sind bei der Dokumentation des Verlaufs der Unterrichtseinheit (4.1) aufgeführt.

3.4. Planung des Verlaufs der Unterrichtseinheit

Vor dem Beginn der Unterrichtseinheit wurden im Unterricht keine molekulargenetischen Themen behandelt (3.1.). Molekularbiologische Grundkenntnisse sind für das Verständnis gentechnischer Methoden und Anwendungen jedoch Voraussetzung. Zu Beginn der Unterrichtseinheit sollten die Schüler/-innen deshalb jene grundlegenden Fachbegriffe aus dem Bereich der Molekularbiologie kennen- und deren Bedeutung verstehen lernen, die für das Verständnis des weiteren Unterrichtsverlaufs unabdingbar sein würden. Der Begriff der Gentechnologie sollte definiert und biotechnologische Verfahren, die den Schüler/-innen bekannt sind, der Gentechnologie zugeordnet oder von dieser abgegrenzt werden. Damit sollte der Lerngegenstand umrissen und ein anschließendes vertieftes Verständnis desselben ermöglicht werden.

Dieses Zuordnen sollte auf der Basis von den Schüler/-innen-Mindmaps erfolgen.

Die Erstellung des Mindmaps sollte „elektronisch" mittels eines geeigneten Computerprogramms in der Gruppe erfolgen, um a) durch die Möglichkeit des Editierens die zeiteffektive Gestaltung eines präsentationswürdiges Ergebnisses zu ermöglichen, b) das Mindmap zur Sicherung unmittelbar ausdrucken zu können.

Der weitere Unterrichtsverlauf sollte auf dem didaktischen Konzept eines WebQuests basieren (1.2), um Eigenständigkeit bei der Lösung der gestellten Aufgaben und

Unabhängigkeit bei der Positionierung hinsichtlich des Für und Widers bestimmter gentechnologischer Ansätze zu ermöglichen (1.1).

Den Schüler/-innen sollten vier Themenkomplexe zur Bearbeitung mittels WebQuest zur Auswahl gegeben werden:

- Gentherapie beim Menschen.
- Mögliche Risiken bei der Nutzung gentechnisch veränderter Pflanzen.
- Beispiel „*Bt*-Mais": Herstellung, Nutzung, Kritik.
- Beispiel „gentechnisch veränderte Kartoffeln": Herstellung, Nutzung und Kritik.

Ein Themenkomplex sollte jeweils von einer Gruppe von vier Schüler/-innen bearbeitet werden. Die Schüler/-innen sollten die im WebQuest gestellten Aufgaben innerhalb der Gruppe aufteilen und mittels im WebQuest vorgegebener Internetlinks eigenständig lösen und gegebenenfalls zusätzlich verwendete Quellen dokumentieren. Die Lösungen sollten anschließend den anderen Gruppenmitgliedern präsentiert und erklärt werden. Danach sollte jede Gruppe gemeinsam eine PowerPoint-Präsentation mit dem Ziel erstellen, den anderen Gruppen den eigenen Themenkomplex zu präsentieren. Die PowerPoint-Präsentation sollte des Weiteren der Ergebnispräsentation auf der Homepage der Schule im Internet dienen, was den Schüler/-innen vorher bekannt gegeben werden sollte. Die vier PowerPoint-Präsentationen sollten allen vier Gruppen zugänglich gemacht werden, um die Vorbereitung auf die anschließende Pro und Kontra-Debatte zu ermöglichen.

Die Struktur des WebQuests in dieser Unterrichtseinheit sollte bewusst von der Grundstruktur eines WebQuest (1.2) abweichen, um ein höheres Ausmaß an kooperativer Schüler/-innen-Aktivität zu ermöglichen. Auf eine individuelle Erarbeitungsphase (Konstruktion: die Internetrecherche und das Lösen der Aufgaben) sollten eine kooperative Erarbeitungsphase (Ko-Konstruktion: die Vermittlung der Lösungen zum Erstellen der PowerPoint-Präsentation in der Gruppe) und eine Präsentationsphase (Instruktion: die Präsentation des Gruppenergebnisses mittels der erstellten PowerPoint-Präsentation) folgen (Abbildung 3.4.1). Durch diese Strukturänderungen entstand ein „kooperatives WebQuest".

Diese Abfolge der Sozialformen erfordert und fördert von und bei den Schüler/-innen ein hohes Maß an Verantwortungsbewusstsein und Kooperationsvermögen, denn das Gruppenergebnis kann nur erzielt werden, wenn jedes Gruppenmitglied zuvor ein Ergebnis erzielt hat. Von der Lehrerin / dem Lehrer erfordert es die Anpassung des Niveaus der Aufgaben an das Leistungsvermögen der Lerngruppe.

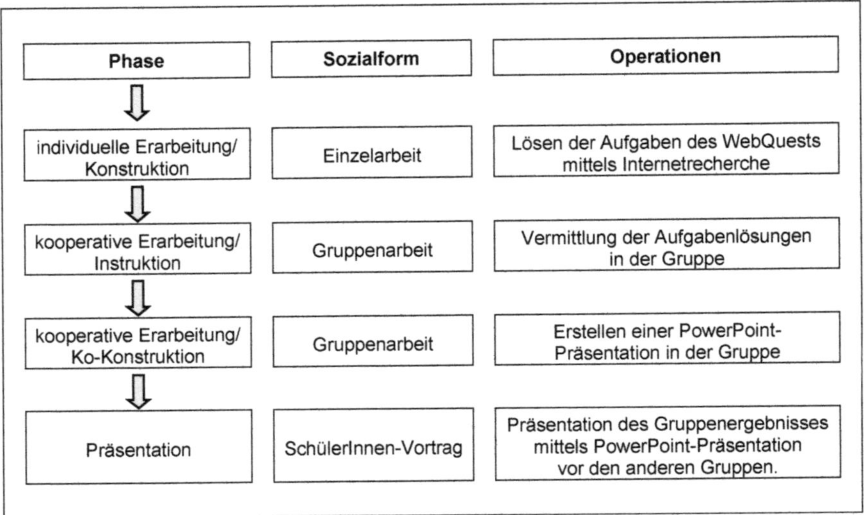

Abbildung 3.4.1 Phasenablauf des „kooperativen WebQuests“ (Bezeichnung der Phasen in Anlehnung an Brüning und Saum, 2006).

Das Erstellen und Vortragen der PowerPoint-Präsentation fördert darüber hinaus Medienkompetenzen. Die Förderung von Sozial- und Medienkompetenz sind somit wesentliche Ziele des neuen didaktischen Konzeptes „kooperatives WebQuest“.

Für die Stellungsnahme „für“ oder „gegen“ bestimmte Gentechnologien ist die Kenntnis eines gewissen Spektrums an Gentechnologien und deren Anwendung erforderlich. Deshalb sollten sich die vier Gruppen mit verschiedenen Themen auseinandersetzen. Anders als beispielsweise im Gruppenpuzzle würden die einzelnen Gruppenmitglieder damit keinen „Mitexperten“ in den anderen Gruppen haben, mit dem sie sich austauschen können. Um eine Unterstützung durch MitSchüler/-innen der eigenen Gruppe zu ermöglichen, sollten die drei WebQuests zur grünen Gentechnologie derart konzipiert werden, dass alle Mitglieder einer Gruppe zuerst gemeinsame Aufgaben bearbeiten, deren Lösung zu einem Grundverständnis des jeweiligen Themenkomplexes führt.

Die Internetrecherche selbst sollte mit Hilfe vorgegebener Links erfolgen. Hierdurch sollte gewährleistet werden, dass die genutzten Information

a) fachlich richtig,

b) ausgewogen (nicht einseitig informierend oder manipulierend),

c) dem Niveau der Lerngruppe angepasst,

d) in Hinblick auf die zur Verfügung stehende Zeit vom Umfang angemessen und damit

e) insgesamt zielführend sind.

In der Pro und Kontra-Debatte sollten die Schüler/-innen auf der Basis des zuvor im WebQuest Erlernten für oder gegen die Verwendung der einzelnen Gentechnologien begründet Stellung beziehen können (vergleiche 1.1).

Die Unterrichtsreihe sollte mit der „Evaluation" der Unterrichtsreihe abschließen. Diese sollte elektronisch mittels eines Computerprogramms erfolgen, das die Antworten der Schüler/-innen sammelt und statistisch auswertet, um die Rückmeldung zeitnah besprechen zu können.

4. Dokumentation des Verlaufs der Unterrichtseinheit

4.1. Chronologischer Verlauf

Tag 1 - Erstellung von Mindmaps über den Begriff Gentechnologie"

(Montag, 2 Stunden)

In der ersten Doppelstunde sollten die Schüler/-innen...

- ihre Vorstellungen über den Begriff „Gentechnologie" und dessen Bedeutung mittels eines Mindmaps visualisieren,
- ihre erstellten Mindmaps präsentieren,
- in einem offenen Unterrichtsgespräch diskutieren, welche der im erstellten Mindmap dargestellten Aspekte der Gentechnologie zuzuordnen sind und welche nicht,
- anhand von Informationen des Lehrers ihre vorherige Zuordnung bestätigen oder revidieren,
- auf der Grundlage einer Textinformation eine Präsentation über den Aufbau der Erbsubstanz DNS vorbereiten,
- einen Überblick über das Ziel und den Verlauf der Unterrichtsreihe und
- eine erste Vorstellung des Unterrichtskonzeptes „WebQuest" bekommen sowie
- die Kriterien für die Benotung ihrer Mitarbeit während der Unterrichtseinheit kennen lernen.

Die Unterrichtsstunde begann mit einem stummen Impuls in Form der Foliendarstellung verschiedener Kohlsorten. Diese gruppierten sich um den „Wildkohl“, von dem sie abstammen, ohne gentechnisch verändert worden zu sein. Der Impuls führte zu der Frage, was unter „Gentechnologie“ verstanden wird, sowie der Erstellung entsprechender „Maps“. Den Schüler/-innen wurden vorab die Kriterien für die Erstellung von Mindmaps und der Unterschied zwischen Mindmaps und Strukturdiagrammen genannt und veranschaulicht.

Die Erstellung des Mindmaps sollte elektronisch erfolgen (Begründung: 3.4). Aus organisatorischen Gründen wurde sie jedoch auf DIN A3-Bögen durchgeführt, welche anschließend fotokopiert und den Schüler/-innen ausgehändigt wurden. Zu dieser Änderung wurden die Schüler/-innen später in der „Evaluation“ (5) befragt.

Die Zuordnung oder Abgrenzung der in den Mindmaps dargestellten Aspekte zur Gentechnologie erfolgte im Unterrichtsgespräch, nachdem der Lehrer den Schüler/-innen die Information gegeben hatte, dass bei gezielter Veränderung des Erbgutes von Gentechnologie gesprochen wird.

Anschließend wurden der weitere Verlauf der Unterrichtsreihe mittels Folienprojektion dargestellt, das didaktische Konzept „WebQuest“ erörtert und die Benotungskriterien für die Mitarbeit während der Unterrichtseinheit transparent gemacht:

- Sonstige Mitarbeit inkl. des Lösens der Aufgaben des WebQuests und der Mitarbeit in der Gruppe,
- PowerPoint-Präsentation inkl. Diskussion,
- Podiumsdiskussion.

Der Anteil der einzelnen Kriterien an der Gesamtbewertung wurde offen gelassen, um der Fachlehrerin an dieser Stelle „freie Hand“ zu lassen. Es wurde aber betont, dass die PowerPoint-Präsentation als Produkt sowohl der Einzel- als auch der Gruppenarbeit einen großen Anteil an der Bewertung ausmachen würde.

Im weiteren Verlauf der Doppelstunde begannen die Schüler/-innen, wahlweise in Einzel- oder Gruppenarbeit auf der Grundlage einer Textinformation eine Präsentation über den Aufbau der Erbsubstanz DNS vorzubereiten. Die Präsentation sollte über die Erklärung eines dreidimensionalen Kunststoff-Modells der DNS erfolgen. Die verbleibende Vorbereitung war Hausaufgabe.

Tag 2 - Erarbeitung des DNS-Aufbaus, (Einführung in) die Nutzung des WebQuests

(Mittwoch, 2 Stunden)

In der zweiten Doppelstunde sollten die Schüler/-innen...

- den Aufbau der Erbsubstanz DNS unter Verwendung eines 3-D-Modells erklären können,
- die Inhalte eines Lehrervortrags zu grundlegenden Begriffen und Techniken der Gentechnologie in eigenen Worten wiedergeben können,
- die Computer des elektronischen Klassenzimmers für die Durchführung des WebQuests und den Zugang zur Schüler/-innen-Plattform „lo-net²" nutzen können,
- Arbeitsgruppen bilden und die Aufgaben des WebQuests in der Gruppe aufteilen,
- mit der Durchführung des WebQuests beginnen.

Die Schüler/-innen bekamen Gelegenheit, sich die Inhalte der Textinformation der Hausaufgabe zu vergegenwärtigen, bevor sie den Aufbau der DNS anhand eines 3-D-Modells und an der Tafel erklärten.

Der anschließende zehnminütige Lehrervortrag knüpfte an die zuvor von den Schüler/-innen präsentierten Inhalte an und diente der Vermittlung von Begriffen und Inhalten, die für das Verständnis des WebQuests erforderlich waren. Es wurde ein Überblick über das Restringieren und Ligieren von DNS und die Genexpression gegeben. Die Zusammenhänge wurden an der Tafel Schritt für Schritt visualisiert. Der Vortrag diente der Informationsvermittlung in kurzer Zeit und war insofern sinnvoll, als er an von den Schüler/-innen selbst erarbeitete Inhalte anknüpfte und die Inhalte des Vortrags im nachfolgenden WebQuest zur Anwendung kamen. Eine Lernerfolgskontrolle erfolgte im Unterrichtsgespräch.

Danach wurde den Schüler/-innen mittels Bildschirmprojektion gezeigt, a) wie die Schüler/-innen-Plattform „lo-net²", b) wie das Programm PowerPoint, c) wie das WebQuest aufgerufen und genutzt werden.

In der Schüler/-innen-Plattform „lo-net²" (Online im Internet: http://www.lo-net2.de; 26.5.2007) wurde zuvor für den Kurs ein virtuelles Klassenzimmer eingerichtet (Stichwort: Innovation), mittels dessen Dateien ausgetauscht werden können. Die Schüler/-innen wurden dadurch in die Lage versetzt, das WebQuest oder ihre Präsentationen zu Hause weiter zu bearbeiten oder untereinander auszutauschen. Um zusätzlich den Dateiaustausch via Email zu ermöglichen, wurde eine Emailliste erstellt.

Hinsichtlich der Nutzung von PowerPoint wurde gezeigt, wie Grafiken aus dem Internet-Browser in PowerPoint kopiert und damit für die spätere Präsentation genutzt werden können. In diesem Zusammenhang wurde darauf hingewiesen, dass die Quellen sämtlicher Grafiken in der Präsentation zu nennen sind. Für Schüler/-innen ohne PowerPoint-Erfahrung stand ein Lernmodul zur Verfügung.

Die Nutzung des WebQuests wurde mittels Bildschirmprojektion demonstriert. Die Instruktion ging damit einher, die Themen zu nennen und aufzuteilen. Die Aufteilung erfolgte in einem Einigungsprozess durch die Schüler/-innen, wodurch die Identifikation der Schüler/-innen mit dem Thema gefördert werden sollte. Zur Auswahl standen die in 3.4 genannten vier Themen.

Anschließend arbeiteten die Schüler/-innen mit dem WebQuests. Jeweils vier Schüler/-innen bildeten eine Gruppe. Jede Schülerin/jeder Schüler hatte einen Computer zur Verfügung, und die Computer einer Gruppe waren von denen der anderen Gruppen separiert.

Tage 3 und 4 - Durchführung des WebQuests

(Freitag 0 Stunden, Montag 3 Stunden)

Am Freitag fand parallel zur geplanten Unterrichtsstunde eine Informationsveranstaltung über Universitätsstudiengänge statt, an der die Schüler/-innen so sehr teilnehmen wollten, dass Unterricht nur gegen Ihren Willen hätte stattfinden können. Deshalb wurde die Übereinkunft getroffen, den Unterricht am Freitag ausfallen zu lassen, die Weiterbearbeitung des WebQuests zu Hause fortzusetzen und sich am Montag zusätzlich nach der sechsten Stunde zu treffen. Die Vereinbarung wurde entsprechend umgesetzt. Eine Gruppe blieb am Montag bis 16 Uhr in der Schule und beendete die Erstellung ihrer PowerPoint-Präsentation. Der Lehrer stand währenddessen für Fragen zur Verfügung. Die anderen Gruppen beendeten die Erstellung der PowerPoint-Präsentation außerhalb der Schule.

Tag 5 - PowerPoint-Präsentationen

(Mittwoch, 2 Stunden)

Am fünften Tag erfolgten die PowerPoint-Präsentationen der vier Gruppen.Diese sollten jeweils 10 Minuten dauern, mit fünf weiteren Minuten für die anschließende Diskussion. Die Zeiten wurden auf Hinweis des Lehrers eingehalten, wozu die Vorträge teilweise spontan gekürzt wurden. Nach jeder Präsentation wurde kurz Rückmeldung von den Schülern über die Präsentation eingeholt. Nach der Präsentationsphase erfolgte ein „Richtig-oder-falsch?“-Quiz (11.2.4, Arbeitsblatt „Richtig oder Falsch?“).

Die Schüler/-innen sollten sich zu Hause auf die Pro und Kontra-Debatte der nächsten Stunde vorbereiten, indem Sie Argumente für und gegen die im WebQuest und in den PowerPoint-Präsentationen behandelten Aspekte gegenüberstellten. Dazu wurden durch Kopieren auf USB-Sticks und per Email die PowerPoint-Präsentationen aller vier Gruppen jeder Gruppe zur Verfügung gestellt. Als weiteres „Rüstzeug“ für die Debatte wurde den Schüler/-innen eine Fotokopie „Basiswerkzeuge ethischer Beurteilung“ mitgegeben, deren Erarbeitung aufgrund des Niveaus des Textes und der für die Vorbereitung der Debatte zur Verfügung stehenden Zeit von nur zwei Tagen optional war. Sämtliche Schüler/-innen sollten sich so vorbereiten, dass sie selbst die Debatte bestreiten könnten.

Tag 6 - Durchführung der Pro und Kontra-Debatte, „Evaluation“

In der letzten Stunde (eine Einzelstunde) fanden eine Podiumsdiskussion in Form einer Pro und Kontra-Debatte (4.2.4) sowie eine schriftliche Befragung der Schüler/-innen zur Unterrichtseinheit (5) statt.

4.2. Darstellung einzelner Komponenten der Unterrichtseinheit

4.2.1. Die Mindmaps

Um die technischen Voraussetzungen für die elektronische Erstellung von Mindmaps (Begründung: 3.4) zu schaffen, wurde von dem Lehrer eine kostenlose Schullizenz für das Computerprogramm „Mindmanager Smart“ der Firma Mindjet erworben (Online im Internet: http://www.schule.comunetix.de/mindjet/; 26.5.2007) und das Programm auf den 16 Rechnern des „elektronischen Klassenzimmers“ der Schule installiert (Stichwort: Innovation).

„Mindmanager Smart“ ist derart einfach zu bedienen, dass - nach Erfahrung des Autors - bereits Schüler/-innen der Klasse 7 ohne vorherige Einweisung innerhalb weniger Minuten Mindmaps erstellen können. Mit dem Programm können nur Mindmaps und keine anderen Diagrammarten erstellt werden

Bei den Darstellungen der Schüler/-innen (11.2.1), die „von Hand“ statt mit dem Computerprogramm erstellt wurden (vergleiche 4.1, Tag 1) handelt es sich nicht um Mindmaps, sondern eher um Strukturdiagramme. Diese zeigen, dass die Klonierung von Organismen irrtümlicherweise mit der Gentechnologie in Verbindung gebracht wurde. Bei allen Darstellungen wurde das Schaf „Dolly“ angeführt, einmal wurde explizit der Begriff „Stammzellenforschung“ genannt. In einem Fall wurde auch die *in vitro*-Fertilisation mit Gentechnik in Verbindung gebracht.

4.2.2. Das WebQuest

Das WebQuest ist technisch in Form einer PowerPoint-Präsentation mit vier „verlinkten" Modulen über die vier genannten Themen (3.4) umgesetzt (Abbildung 11.2.2 im Anhang). Die Präsentation ist zusätzlich „verpackt" und kann mittels des PowerPoint-Viewers auf Rechnern ohne PowerPoint aufgerufen und genutzt werden. Die Aufgaben und Links des WebQuests können von den Schüler/-innen bequem in ihre eigene zu erstellende PowerPoint-Präsentation kopiert werden.

Jedes der vier WebQuests besteht aus den Kapiteln „Ziele und Aufgaben", „Vorgehen", „Quellen", „Präsentation" und „Bewertung".

Unter „Ziele" wurde angegeben:

> Ihr sollt anhand einer WebQuest-gestützten Internetrecherche und unter Verwendung weiterer Materialien [...]
>
> - Euch Sachinhalte zu vorgegebenen Aspekten der grünen Gentechnologie erschließen,
> - anhand der erschlossenen Sachinhalte Aufgaben (siehe unten) lösen,
> - Eure Lösungen präsentieren und
> - schließlich hinsichtlich der Frage „Für oder gegen grüne Gentechnologie / Gentherapie?" begründet und differenziert Position beziehen und diese in einer Diskussion vertreten können.
> - Am Ende sollt Ihr die Konzeption und die Durchführung der Unterrichtseinheit durch den Lehrer bewerten.

Die Aufgaben sollten mit Hilfe der Informationen von Internetseiten gelöst werden, welche über die Links der WebQuests (11.2.3) zugänglich gemacht wurden. Zusätzlich standen Bücher als Informationsquelle zur Verfügung, unter anderem die Bücher von Weber (Weber, 2002) und Zarzer (Zarzer, 2006).

Die Internetseiten der Links (11.2.3) wurden zusätzlich auf CD gespeichert, um den Zugang zu Informationen für den Fall zu gewährleisten, dass kein Internetzugang zur Verfügung steht oder die Internetpräsenz erloschen sein sollte. Die Kapitel „Aufgaben" und „Quellen" standen zusätzlich als Pdf-Dokument zur Verfügung, um die Lösung der Aufgaben plattformunabhängig zu ermöglichen.

Die Links sollten in Hinblick auf die Aufgaben zielführend zu sein und wurden deshalb im WebQuest den einzelnen Aufgaben zugeordnet (11.2.3). Sie sollten des Weiteren eine möglichst objektive Informationsquelle darstellen.

Links zu Internetseiten, die Meinungen darstellen, existierten nur in Verbindung mit einem Link zu einer Seite mit der Darstellung der entgegengesetzten Position.

In jedem Modul stand ein Link zu einem Gentechnik-Glossar als Hilfestellung zur Verfügung. Gründe für die Vorgabe von Links sind unter 3.4, Planung des Verlaufs der Unterrichtseinheit, genannt.

4.2.2.1. Die Module

In den drei WebQuest-Modulen zur sog. „grünen" Gentechnologie sollte durch übereinstimmende Einstiegsaufgaben (Aufgaben 1 bis 4) ein grundlegendes Verständnis für die Lösung der weiteren Aufgaben geschaffen werden. Danach schlossen sich zwei weitere modulspezifische Aufgaben (Aufgaben 5 und 6) an. Die Aufgabenstellung schloss bei allen Modulen mit derselben „Resümee"-Aufgabe (Aufgabe 7), welche auf die später stattfindende Pro und Kontra-Debatte vorbereiten sollte. Die nachfolgende Nummerierung orientiert sich an der Nummerierung der Aufgaben im WebQuest.

Gemeinsame Aufgaben.

1. Erkläre, was unter gentechnisch veränderten (=transgenen) Pflanzen verstanden wird (im Gegensatz zu aus klassischer Züchtung entstandenen Pflanzen) und nenne drei Methoden der Herstellung transgener Pflanzen.
2. Erkläre die Bedeutung sog. „Antibiotikaselektionsmarker" bei der Herstellung transgener Pflanzen, erörtere deren Vor- und Nachteile und zeige Alternativen auf.
3. Nenne Beispiele für Probleme des Pflanzenbaus, für welche die Herstellung und Nutzung gentechnisch veränderter Pflanzen prinzipiell eine Lösung sein könnte.
4. Nenne a) die am häufigsten gentechnisch veränderten Nutzpflanzen, b) die Länder, in denen „grüne Gentechnik" am meisten betrieben wird, c) das Ausmaß des Anbaus gentechnisch veränderter Nutzpflanzen im Ländervergleich.

Aufgaben des Moduls „Bt-Mais: Herstellung, Nutzung, Kritik."

5. Beschreibe die Zielsetzung der Herstellung des sog. „*Bt*-Mais" und den Mechanismus, mittels dessen dieses Ziel erreicht werden sollte. Erörtere, inwieweit das Ziel erreicht wurde.
6. Nenne Probleme, die beim Anbau des *Bt*-Mais im Freiland entstanden sind.

Aufgaben des Moduls „Gentechnisch veränderte Kartoffeln: Herstellung, Nutzung und Kritik."

5. Beschreibe und vergleiche die folgenden zwei gentechnischen Strategien zur Bekämpfung des *Phytophthora*-Pilzes durch die Kartoffel: T4-Lysozym und „Gene aus Wildkartoffeln". Erörtere, inwieweit die Ziele erreicht wurden.
6. Nenne mögliche Probleme, die beim Anbau der gentechnisch veränderten Kartoffeln entstehen könnten.

Aufgaben des Moduls „Mögliche Risiken bei der Nutzung gentechnisch veränderter Pflanzen"

5. Beschreibe, was unter „horizontalem" und „vertikalem" Gentransfer verstanden wird und erörtere, inwieweit Gentransfer bereits eingetreten ist, eintreten könnte oder nicht eintreten könnte.
6. Nenne und erörtere häufig geäußerte Befürchtungen in Bezug auf mögliche Auswirkungen des Konsums gentechnisch veränderter Pflanzen. Nenne des Weiteren einige Beispiele für Nahrungsmittel, deren Bestandteile gentechnisch verändert sein könnten.

„Resümee"-Aufgabe

7. Beziehe differenziert Stellung zu der Frage, ob Pflanzen gentechnisch verändert und derartige Pflanzen genutzt werden sollten, indem Du Möglichkeiten und mögliche Risiken gegenüberstellst und abwägst. Berücksichtige dabei auch ethische Aspekte.

Die Aufgaben im Modul zur Gentherapie bezogen sich zum einen auf die methodischen Möglichkeiten, was darin begründet liegt, dass die Gentherapie gerade erst in der Entwicklung begriffen ist und auch als neue Technik verstanden werden sollte. Zum anderen wurde der konkrete Fall der „Frankfurter Gentherapie" gegen die Krankheit Granulomatose wegen seiner Gegenwartsbedeutung angeführt. Die Aufgaben lauteten im Einzelnen:

1. Erkläre, was unter Gentherapie verstanden wird. Differenziere dabei zwischen der sog. Somatischen Gentherapie und der sog. Keimbahn-Gentherapie (oder kurz: Keimbahntherapie). Grenze den Begriff und die Methodik der Gentherapie gegenüber dem- bzw. derjenigen des therapeutischen Klonens ab.
2. Erkläre die Rolle von Viren bei der Somatischen Gentherapie und erörtere die Vor- und Nachteile bestimmter Viren hinsichtlich ihrer Verwendung bei der Gentherapie.
3. Beschreibe Durchführung und Verlauf der „Frankfurter Gentherapie" gegen die Krankheit Granulomatose. Nehme zu der Frage der Verantwortlichkeit der beteiligten Mediziner Stellung.
4. Suche im Internet nach weiteren Anwendungsmöglichkeiten der Gentherapie und nenne diese.
5. Beziehe differenziert Stellung zu der Frage, ob Gentherapie betrieben werden sollte, indem Du Möglichkeiten und mögliche Risiken gegenüberstellst und abwägst. Berücksichtige dabei auch ethische Aspekte.

4.2.3. Die PowerPoint-Präsentationen

Der Vergleich der Lösungen der drei Gruppen der „grünen Gentechnologie" zu den Aufgaben 1 bis 4 (Tabelle 4.2.3-1) zeigt, dass die Aufgaben im Wesentlichen ähnlich umfangreich gelöst wurden.

Nachteile der Verwendung von Antibiotikaresistengenen sowie mögliche Alternativen wurden jeweils von einer der drei Gruppen genannt. Dies weist darauf hin, dass die komplette Lösung möglich, aber nicht unbedingt leicht war. Die Gruppe, die sich mit *Bt*-Mais beschäftigt hat, hat ihre gruppenspezifischen Aufgaben soweit vollständig gelöst, wie es durch die vorgegebenen Internetlinks möglich war (11.2.3, Im WebQuest verwendete Links). Die Herkunft des *Bt*-Gens sowie die Zielsetzungen und mögliche Vor- und Nachteile der Herstellung von *Bt*-Mais wurden genannt und gegenübergestellt.

Auch die Gruppe, die sich mit gentechnisch veränderten Kartoffeln beschäftigt hat, hat die beiden gentechnischen Strategien bei der Herstellung pilzresistenter Kartoffellinien (basierend auf einem *Phytophtora*-Resistenz- und dem T4-Lysozymgen) korrekt beschrieben. Im Gegensatz zur „*Bt*-Mais-Gruppe" wurde auch die Aufgabe 7 (siehe oben, 4.2.2.1) aufgegriffen.

Dabei wurden Chancen und Risiken vergleichend gegenübergestellt.

Die Gruppe, die sich mit den Risiken der Nutzung der Gentechnologie bei Pflanzen auseinandergesetzt hat, hat in ihrer Präsentation die Begriffe „horizontaler Gentransfer" und „vertikaler Gentransfer" richtig definiert. Befürchtungen in Bezug auf mögliche Auswirkungen des Konsums gentechnisch veränderter Pflanzen wurden genannt.

Bei der Lösung der Aufgabe 7 (siehe oben) wurden „positive" und „negative" Punkte genannt, ohne diese der Aufgabenstellung zuzuordnen oder zu begründen. Die Lösung blieb dadurch in Teilen unverständlich. Beispiel: Was ist an der Entwicklung bestimmter Pflanzen in Entwicklungsländern positiv? Warum ist es negativ, wenn bestimmte Gene in Pflanzen eingefügt werden? Die Gruppe hat drei zusätzliche Quellen im Internet genutzt und in der Präsentation angegeben.

Die Aufgaben zur Gentherapie wurden von der Gruppe vollständig gelöst. Das therapeutische Klonen wurde ausführlicher als in der Aufgabenstellung verlangt beschrieben.

Tabelle 4.2.3-1 **Vergleich der Lösungen zu den Aufgaben 1 bis 4.**

Aufgabe	Unteraufgabe	erbrachte Lösungen	Gruppe		
			Mais	Kartoffel	Chancen Risiken
1	Was charakterisiert GVP gegenüber denen der klassischen Züchtung?	gezielte Übertragung	✓	✓	✓
		interspezifische Übertragung	✓	✓	✓
		geringer Zeitaufwand	✓	✓	-
2	3 Methoden der Herstellung GVP	Mikroinjektion	✓	✓	✓
		biolistische Transformation	✓	-	-
		Agrobakterium-vermittelte Transformation	✓	✓	✓
		in situ-Modifikation	✓	✓	✓
	Wozu Selektionsmarker?	Überprüfung Genübertragung	✓	✓	✓
	Nachteile von Antibiotikaresistengenen	Resistenzübertragung auf Darmbakterien?	✓	-	
		Resistenzübertragung auf humanpathogene Bakterien?	✓	-	
	Alternativen zu Antibiotikaresistengenen	„Rauskreuzen"	-	-	✓
		andere Selektionsmarker als Antibiotikaresistenzgene	-	-	✓
3	Probleme des Pflanzenbaus als Ziel der Herstellung von GVP	biotisch bedingte Ertragseinbußen (Schädlingsbefall)	✓	✓	✓
		abiotisch bedingte Ertragseinbußen	✓	✓	✓
		Qualität	✓	✓	✓
4	häufige GVP-Arten	Soja, Mais, Raps	✓	✓	✓
		Baumwolle	-	✓	-
	GVP-Herstellerländer	USA, Kanada, Argentinien, China	✓	✓	✓
	GVP-Anbauländer	USA, Kanada, Argentinien, Brasilien, Indien, China	-	-	✓

GVP = gentechnisch veränderte Pflanze

4.2.4. Die Pro und Kontra-Debatte

Ziele, Struktur und Durchführung

Als Ziel der Pro und Kontra-Debatte wurde den Schüler/-innen genannt, zu einzelnen Aspekten der Gentechnologie Stellung beziehen, die Position fachlich und ethisch begründen und auf diese Weise für die Position einstehen zu können. Die Schüler/-innen wurden darauf hingewiesen, dass sie im Rahmen der Debatte eine Rolle einnehmen und die von Ihnen vertretende Position keineswegs mit ihrer eigenen Position übereinzustimmen braucht.

Ein Schüler vertrat die „Pro"-Seite, eine Schülerin die „Kontra" Seite (die beiden „Anwälte"). Die Geschlechterparität war Voraussetzung für die Durchführung der Debatte. Beide hatten zwei „Sachverständige" zur Seite, die ihnen während der Diskussion durch Zuflüstern oder mit Hilfe von Notizen beistehen konnten.

Die Anwälte und die Sachverständigen wurden von den Schülern in einem Einigungsprozess gewählt. Aufgabe des Auditoriums war es, die von den beiden Anwälten vorgetragenen Argumente zu protokollieren, um diese nach der Diskussion ggf. ergänzen zu können. Die Debatte begann und endete mit Plädoyers der beiden Anwälte. Vor bzw. nach den Plädoyers holte der Moderator - in diesem Fall der Lehrer -ein Meinungsbild bezüglich dreier Aspekte der Gentechnologie ein (siehe unten).

Die Debatte folgte einer vorgegebenen Organisations- und Zeitstruktur, die den Teilnehmenden vorher transparent gemacht wurde und welche der Moderator einhielt (Tabelle 4.2.4-1)

Tabelle 4.2.4-1 Einzelheiten der Organisations- und Zeitstruktur der Pro und Kontra-Debatte,

Phase	**Dauer** [min]	**Zeit** [min]
Eröffnung durch den Moderator	2	2
Einholen eines Meinungsbildes vor der Debatte	4	6
Eingangsplädoyers der Anwälte	4	10
Diskussion der Anwälte mit Hilfe der Sachverständigen	11	21
Schlussplädoyers der Anwälte	4	25
Einholen eines Meinungsbildes nach der Debatte	5	30
Besprechung der Debatte, Nennen fehlender Aspekte	5	35

Die Debatte wurde digital auf Video aufgezeichnet, um die vorgebrachten Argumente für die spätere Anfertigung eines Protokolls dokumentieren zu können (Stichwort: Innovation). Die Schüler/-innen gaben hierfür vorab ihr mündliches Einverständnis. Aus Gründen des Datenschutzes wird in dieser Arbeit das anonymisierte Protokoll der Aufzeichnung verwendet (11.2.5, Protokoll der Pro und Kontra-Debatte).

Das Protokoll (11.2.5, Protokoll der Pro und Kontra-Debatte)

Die Schlussplädoyers waren ausführlicher als die Eingangsplädoyers und brachten Aspekte der vorherigen Diskussion mit ein. Die Debatte begann, gelenkt von den Anwälten, mit der Thematisierung der Frage, ob grüne Gentechnik eine Lösung des Welthungerproblems sei. Nachdem der Moderator das Thema auf mögliche oder vermeintliche Risiken lenkte, bezogen die Anwälte hierzu detailliert und differenziert Stellung, indem sie auf Antibiotikaresistenzgene und das allergene Potenzial artfremder Proteine zu sprechen kamen. Ökologische Aspekte wurden anhand der Aspekte des vertikalen Gentransfers und der Sortenvielfalt kontrovers diskutiert.

Die Position zur Gentherapie und Keimbahntherapie waren bei beiden Anwälten gleich: gentherapeutische Methoden wurden wegen der Chancen der Heilung schwerwiegender Krankheiten befürwortet, während die Keimbahntherapie abgelehnt wurde, weil sie den Menschen dauerhaft verändern könne.

Bedenken hinsichtlich der Risiken der Keimbahntherapie wurden von keiner Seite genannt, doch wurde darauf hingewiesen, dass die Forschung zur Gentherapie noch voranschreiten müsse.

Ethische Aspekte wurden während der Diskussionsphase der Debatte auch nach Aufforderung durch den Moderator nicht genannt. Nur im abschließenden Plädoyer der Kontra-Seite wurde angemerkt, dass der Mensch die Evolution nicht steuern solle.

Das Meinungsbild

Vor und nach der Debatte wurde ein Meinungsbild zu drei Aspekten der Gentechnologie eingeholt. Die Schüler/-innen sollten eine Pro- oder Kontra-Position einnehmen hinsichtlich

- der gentechnischen Herstellung von Kartoffeln mit Resistenz gegen den *Phytophtora*-Pilz
- der gentechnischen Herstellung von *Bt*-Mais,
- der Intensivierung der Forschung über Möglichkeiten der Gentherapie.

Es wurde per Handzeichen abgestimmt, Enthaltungen waren möglich. Die sechs DiskussionsteilnehmerInnen stimmten nicht mit ab. Das Ergebnis ist Tabelle 4.2.4-2 (nächste Seite) zu entnehmen.

Vor der Debatte waren alle Schüler/-innen (9 von 9, die Anwälte und Sachverständigen ausgenommen) für die gentechnische Herstellung von Kartoffeln mit Resistenz gegen den *Phytophtora*-Pilz. Nach der Debatte hat sich eine Person umentschieden. Das Meinungsbild zur Herstellung von *Bt*-Mais war vor der Debatte vergleichsweise heterogener: vier waren dafür, zwei dagegen, und drei haben sich enthalten. Nach der Debatte sind drei weitere Personen für die Herstellung gewesen, insgesamt also 7.

Dies ist insofern interessant, als während der Diskussion nicht über *Bt*-Mais gesprochen wurde. Nach der Debatte stimmten alle stimmberechtigten Schüler/-innen für die Intensivierung der Forschung über Möglichkeiten der Gentherapie, vor der Debatte hatte sich noch eine Schülerin/ein Schüler enthalten.

Tabelle 4.2.4-2 Das Meinungsbild der SchülerInnen vor und nach der Pro und Kontra-Debatte.

Aspekt	Dafür		Dagegen		Enthaltung(en)	
	vor der Debatte	nach der Debatte	vor der Debatte	nach der Debatte	vor der Debatte	nach der Debatte
Herstellung gentechnisch veränderter **Kartoffeln** mit Resistenz gegen *Phytophtora*	9	8	0	1	0	0
gentechnische Herstellung von ***Bt*-Mais**	4	7	2	0	3	2
Intensivierung der Forschung über Möglichkeiten der **Gentherapie**	8	9	0	0	1	0

5. „Evaluation“ der Unterrichtseinheit

Da Evaluation meistens einen langfristigen Prozess der Systemanalyse durch externe Gutachter bezeichnet, ist hier mehr eine „kritische Analyse“ gemeint. Diese kann durch den Vergleich der von den Schüler/-innen erbrachten Beiträge mit den Zielen der Unterrichtseinheit (3.3, Lernziele für die gesamte Unterrichtseinheit) erfolgen. Des Weiteren steht die Rückmeldung der Schüler/-innen zur Verfügung. Beides soll genutzt werden.

Die Rückmeldung der Schüler sollte ursprünglich mittels des Computerprogramms „Grafstat“ (U.W. Diener, Ausgabe 2007, Version 3.41b; online im Internet: www.grafstat.de; 26.5.2007) eingeholt werden. Das Programm erlaubt die elektronische Erstellung, Durchführung und sofortige Auswertung einer Umfrage. Es wurde vom Lehrer auf den 16 Rechnern des elektronischen Klassenzimmers der Schule installiert (Stichwort: Innovation).

Die wenige verbleibende Zeit am Ende der Stunde ließ die elektronische Durchführung der Befragung aber nicht mehr zu; das Hochfahren der Computer hätte zu lange gedauert. Die Befragung erfolgte deshalb „klassisch“ von Hand mit einem Umfragepapier, das für diesen Fall vom Lehrer angefertigt wurde. Es findet sich - um die Auszählung und Nennung der Rückmeldung ergänzt - im Anhang (11.2.6, „Evaluation“ der Unterrichtseinheit).

Die Befragung gliedert sich in Fragen zum Unterricht und Fragen zum WebQuest und schließt mit „weiteren Fragen“ und offenen Feldern für Verbesserungsvorschläge und Anmerkungen. Die Abgliederung der Fragen zum WebQuest wird der Bedeutung des WebQuests für die Unterrichtseinheit gerecht.Gefragt wurde in den meisten Fällen, ob die genannte Aussage zutrifft. Die Antwortmöglichkeiten waren kategorial: Es konnte „voll“, „weitgehend“, eher nicht“ und „gar nicht“ angekreuzt werden. Durch diese Vierstufung musste eine Entscheidung zwischen einer bejahenden („voll“ oder „weitgehend“) und einer verneinenden („eher nicht“ oder „gar nicht“) Antwort stattfinden.

Die Fragen 1 bis 5 zur Unterrichtseinheit wurden überwiegend als zutreffend beantwortet (lediglich maximal 2 von 15 Antworten waren „eher nicht“ oder „gar nicht“ zutreffend). Danach war das Thema interessant und die Menge der Hausaufgaben angemessen. Das Nennen der Bewertungskriterien am Anfang der Unterrichtseinheit wurde ebenfalls positiv aufgenommen.

Die Fragen 2 und 3 bezogen sich auf die Lernmenge pro Zeiteinheit. 12 von 15 Schüler/-innen würden es begrüßen, weniger Themen in derselben Zeit zu bearbeiten. 14 von 15 Schüler/-innen würden es begrüßen, die Anzahl der Themen beizubehalten und für diese mehr Zeit zur Verfügung zu haben. Die Schnittmenge der Schüler/-innen, die beides begrüßen würden, zeigt eine gewisse Unentschlossenheit oder Offenheit hinsichtlich der Art der Änderung.

Sie zeigt aber deutlich, dass die Themenanzahl für die zur Verfügung stehende Zeit zu groß war. Dies bestätigt sich in den genannten Verbesserungsvorschlägen: 11 Mal wurde geäußert, gern mehr Zeit zur Verfügung zu haben. 5 Schüler/-innen gaben zusätzlich „weniger hektisch“ an. Da das Lernklima von 12 von 15 Personen als gut empfunden wurde (Frage 9) und sich somit unter den 5 Schüler/-innen, die „weniger hektisch“ äußerten, auch solche befinden, die das Lernklima gut fanden, weist dies auf die zeitliche Komponente hin.

15 von 15 Schüler/-innen nahmen den Lehrer als am Thema interessiert (Frage 6) und engagiert (Frage 7) wahr und meinten, dass er Sachverhalte gut erklären könne (Frage 8).

Während bei der Rubrik „Interesse“ 15 von 15 und bei der Rubrik „Engagement“ 13 von 15 Personen „voll“ zustimmten, stimmten hinsichtlich des Erklärens von Sachverhalten lediglich 8 „voll“ und 7 „weitgehend“ zu. Es bliebe zu klären, auf welche Phasen der Unterrichtseinheit sich diese Angaben beziehen, weil sich die Schüler/-innen die Fachinhalte größtenteils selbst erarbeiteten.

12 von 15 Schüler/-innen haben angegeben, dass sie das Mindmap eher nicht oder gar nicht lieber mit einer Software erstellt hätten (Frage 10). Anders ausgedrückt: Die überwiegende Anzahl der Schüler/-innen würde Mindmaps lieber weiterhin „von Hand“ auf Papier erstellen.

6 von 15 Schüler/-innen hätten den Aufbau der DNS lieber vom Lehrer erklärt bekommen, anstatt ihn sich selbst zu erarbeiten (Frage 11, 6 Mal „eher nicht“).

Die Fragen 15 bis 19 sowie 21 zur Durchführung des WebQuests wurden bejahend beantwortet. Danach wurden die Schüler/-innen hinreichend in das WebQuest eingeführt, war die technische Umsetzung des WebQuests in Ordnung, waren die Aufgaben und verlinkten Internetseiten verständlich, und die Internetseiten ermöglichten die Lösung der Aufgaben. Diese Angaben entsprechen der Qualität der Beiträge der Schüler/-innen in Form der PowerPoint-Präsentationen.

14 von 15 Schüler/-innen fanden die Aufteilung der Aufgaben des WebQuests in der Gruppe sinnvoll (Frage 21). 13 von 15 Schüler/-innen hätten lieber alle Aufgaben selbst bearbeitet (Frage 22). Es liegt die Vermutung nahe, dass an dieser Stelle wieder die zeitliche Komponente zum Tragen kommt: In Anbetracht der zur Verfügung stehenden Zeit ist die Aufteilung der Aufgaben sinnvoll, doch wenn mehr Zeit zur Verfügung stünde, würden die Schüler/-innen die Aufgaben möglicherweise lieber selbst bearbeiten.

9 von 15 Schüler/-innen geben an, dass sie lieber selbst recherchiert hätten, anstatt mit Links zu arbeiten (Frage 20).

Die Beantwortung der Fragen zur PowerPoint-Präsentation lässt auf den ersten Blick vermuten, dass auch für die Präsentationsphase die Zeit zu knapp bemessen war: Die meisten Schüler/-innen fanden die für die PowerPoint-Präsentation zur Verfügung stehende Zeit nicht angemessen (Frage 24), und zwar - wie sie im Unterricht äußerten - zu knapp bemessen. Nach Beobachtung des Lehrers war die Zeit für die Präsentation tatsächlich knapp. Doch da die Zeit vorgegeben und bekannt war und auf die Wichtigkeit des Einhaltens der Zeit vor Erstellung der Präsentationen hingewiesen wurde, waren die PowerPoint-Dokumente tatsächlich zu lang für die zur Verfügung stehende Zeit der Präsentation. Dies mag in der Fülle der vorher erarbeiteten Informationen begründet sein und spricht abermals für entweder die Reduktion der Themenanzahl und/oder Aufgaben oder der Erweiterung des Zeitrahmens. Wenngleich die meisten Schüler/-innen gern noch eine Stunde für die Nachbesprechung der PowerPoint-Präsentationen gehabt hätten (Frage 26), haben Sie nach eigenen Angaben (Frage 25) trotzdem die meisten Inhalte der Präsentationen der anderen verstanden.

Dies entspricht dem Eindruck des Lehrers im Rahmen der Durchführung des „Richtig-oder-falsch?"-Quizes (welches 8 von 14 Schüler/-innen hilfreich für die Überprüfung des durch die Präsentationen erworbenen Wissens fanden; Frage 27). Im Übrigen hätte die Minderheit der Schüler/-innen gern noch zusätzliche Zeit für die Bearbeitung der PowerPoint-Präsentation zur Verfügung gehabt (Frage 30; 5 Schüler/-innen hätten aber immerhin gern noch mehr Zeit gehabt).

Einer Schülerin fiel es „gar nicht" leicht, eine PowerPoint-Präsentation zu erstellen (Frage 23). Auf diese Möglichkeit hatte die Fachlehrerin - ihre Schüler kennend - den Ausbildungslehrer im Unterricht hingewiesen. Das Hilfsangebot des Lehrers wurde im Unterricht von der Schülerin nicht wahrgenommen.

13 von 15 Schüler/-innen begrüßten die Veröffentlichung der PowerPoint-Präsentation auf der Homepage der Schule (Frage 28). Lediglich eine/einer der Schüler/-innen hätte die PowerPoint-Präsentation gern selbst auf die Homepage gestellt (Frage 29).

Der überwiegenden Mehrheit der Schüler/-innen fiel es nach eigenen Angaben leicht, Argumente für oder gegen bestimmte Aspekte der Gentechnologie zu finden und gegenüberzustellen (Frage 12) und eine Pro- oder Kontra-Position zu beziehen.

Im Rahmen der Pro und Kontra-Debatte war es für 4 Schüler/-innen (eher) „schlimm", gefilmt zu werden (Frage 14): Dreimal wurde die Aussage „Es war für mich nicht weiter schlimm, gefilmt zu werden" als „eher nicht" zutreffend und einmal als „gar nicht" zutreffend bewertet. Angesichts der Tatsache, dass nur 6 Schüler/-innen gefilmt wurden, zeigt dies, wie ungewohnt diese Situation für die Schüler/-innen ist. Es ist dabei nicht auszuschließen, dass sich auch das Auditorium gefilmt fühlte.

13 von 15 Schüler/-innen fanden die Einrichtung der Plattform „lo-net²" sinnvoll, davon 11 nur „weitgehend". 2 Schüler/-innen fanden den lo-net²-Zugang eher nicht und gar nicht nützlich. Das mag darin begründet sein, dass der Dateitransfer überwiegend über USB-Stick erfolgte.

Als Quintessenz gaben 13 Schüler/-innen an, dass sie das Thema abermals mittels eines WebQuests bearbeiten wollen würden. Eine Schülerin oder ein Schüler verneinte dies, eine Schülerin oder ein Schüler enthielt sich.

6. Auswertung und Entwicklungsmöglichkeiten des Unterrichtskonzeptes

Die Dokumentation der Ergebnisse (insbesondere die PowerPoint-Präsentationen und das Protokoll der Pro und Kontra-Debatte) und die „Evaluation" zeigen, dass die Unterrichtseinheit zielführend war (vergleiche 2, Ziele der Arbeit): Die Schüler/-innen konnten eigene Positionen hinsichtlich einzelner Fragestellungen zur Gentechnologie einnehmen und diese fachlich begründen. Ermöglicht wurde dies u.a. durch das neue didaktische Konzept „kooperatives WebQuest", welches ein hohes Maß an eigenständiger Schüler/-innen-Aktivität fördert und fordert. Der Lehrer hatte dabei oftmals mehr die Rolle des Instruierenden (für die technische Umsetzung), des Beraters (während der Durchführung des eigentlichen WebQuests) und des Moderators (während der Debatte). Die eingangs erwähnte „Gratwanderung" zwischen Eigenständigkeit der Schüler/-innen und Unterstützung durch den Lehrer, ohne dass dieser die Schüler/-innen im Einnehmen ihrer Position beeinflussen würde, war dadurch gewährleistet.

Eine wesentliche Verbesserungsmöglichkeit des Konzeptes betrifft den Zeitrahmen: Die Unterrichtsziele konnten nur durch ein stringentes Zeitmanagement erreicht werden. Einerseits schult dies die Schüler/-innen dahingehend, die zur Verfügung stehende Zeit effektiv zu nutzen. Andererseits war die zur Verfügung stehende Zeit tatsächlich knapp bemessen, wodurch sich die Schüler/-innen zu Recht gehetzt fühlten. Die Schüler/-innen selbst sahen - nach Angaben in der Befragung - zwei Alternativen: Weniger Inhalte in derselben Zeit oder mehr Zeit für dieselben Inhalte. Für beide Möglichkeiten gibt es Argumente: Einerseits erlaubt die Anzahl der behandelten Inhalte deren Vergleich und Gegenüberstellung: Erst dadurch, dass zwei Beispiele gentechnisch veränderter Pflanzen - Kartoffeln und Mais - behandelt wurden, konnte erkannt werden, dass es selbst bei der Herstellung von Pflanzen mit Resistenz gegenüber Schädlingen unterschiedliche Konzepte gibt - in dem einen Fall (Mais) über die Artgrenze hinweg und in dem anderen Fall (Kartoffeln) eben nicht. Die Reduktion auf weniger Themen andererseits wäre insofern denkbar, als dass die Unterrichtseinheit als Einstieg in die Gentechnologie konzipiert war. Welche der beiden Möglichkeiten gewählt wird, hängt somit von der Zielsetzung ab, mit der die Unterrichtseinheit durchgeführt werden soll.

Die Zeitknappheit war auch insofern problematisch, als den Schüler/-innen zu Beginn der Unterrichtseinheit transparent gemacht wurde, dass das zu erzielende „Produkt" - die PowerPoint-Präsentation - Hauptbewertungskriterium sein würde. Die Schüler/-

innen könnten somit unter Bewertungsdruck geraten sein, was der Motivation abträglich wäre.

Daraus ließe sich die Frage ableiten, ob das Nennen der Bewertungskriterien der intrinsischen Motivation, die mit diesem Unterrichtskonzept gefördert werden soll, nicht generell abträglich ist. Das Unterlassen der Nennung ist meines Erachtens aber keine Alternative: Die Schüler/-innen wissen, dass sie bewertet werden, und vor diesem Hintergrund ist es nicht nur fair, sondern auch im Sinne der zu entwickelnden Kompetenzen, wenn die Schüler/-innen die Kriterien für die Bewertung kennen.

Ein Mehr an Zeit hätte die Festigung und Vertiefung des erworbenen Wissens durch Wiederholung und Anwendung ermöglicht. Konkret betrifft dies die PowerPoint-Präsentationen, die durch eine weitere Unterrichtstunde für Erörterungen und Diskussion sicherlich abgerundeter gewesen wäre. Andererseits diente die Unterrichtseinheit als Einsteig in eine Unterrichtsreihe über molekulare Genetik, so dass sich im weiteren Unterrichtsverlauf Möglichkeiten der Wiederholung und Vertiefung bieten sollten.

Ein Mehr an Zeit hätte des Weiteren die Reduktion der Hausaufgabenmenge ermöglicht. Wenngleich die Schüler/-innen nach bzw. zu jedem Unterrichtstag Hausaufgaben zu bearbeiten hatten, gaben 13 von 14 Schüler/-innen allerdings an (vergleiche 11.2.6, Evaluation), dass sie die Hausaufgabenmenge angemessen fanden.

Die von den Schüler/-innen erstellten „Maps" (11.2.1) zeigen, dass die Erörterung des Begriffs der Gentechnologie und dessen Abgrenzung zu weiteren biotechnologischen Verfahren zu Beginn der Unterrichtseinheit sinnvoll war (vergleiche 4.2). Die Tatsache, dass die „Maps" aus der Situation heraus nicht elektronisch, sondern „per Hand" erstellt und dies von den Schüler/-innen begrüßt wurde (vergleiche 5, „Evaluation" der Unterrichtseinheit), zeigt, dass es durchaus seinen Stellenwert haben kann, „neue" Medien *nicht* einzusetzen. Das „subjektive Geflecht von Konnotationen" (Brauneck & Becker, 2006) wird beim Erstellen von Mindmaps „von Hand" auf Papier möglicherweise ohnehin eher be-„griffen". Interessant in diesem Zusammenhang ist auch die Tatsache, dass die Schüler/-innen eher Strukturdiagramme als Mindmaps erstellt haben, obwohl Ihnen vorher vom Lehrer die Kriterien für die Erstellung eines Mindmaps genannt und veranschaulicht wurden. Dabei wurde explizit auf den Unterschied zu Strukturdiagrammen hingewiesen. Offenbar wird an dieser Stelle die zentrisch-lineare Struktur von Mindmaps dem Bedürfnis der Schüler/-innen nach einer vernetzten Darstellung ihres Vorwissen und damit möglicherweise auch der Strukturierung ihres Vorwissens nicht gerecht. In einer zukünftigen Unterrichtseinheit könnte dies berücksichtigt werden, indem die Schüler/-innen von vornherein Strukturdiagrame von Hand zeichnen.

Aus dem Gesamtergebnis kann gefolgert werden, dass die Internetrecherche mit vorgegebenen Links (vergleiche 3.4; 4.2.2) zielführend war. Eine Gruppe hat zusätzlich eigenständig recherchiert und kam auf diese Weise ebenfalls zu fachlich korrekten Ergebnissen. Möglicherweise wäre dies anders gewesen, wenn die Schüler/-innen von vornherein eigenständig recherchiert hätten.

In dem Fall hätten Ihnen fachlich korrekte Vorabinformation gefehlt, um die Qualität der Informationen der gefundenen Internetseiten einschätzen zu können. Doch das ist spekulativ und würde einer weiteren vergleichenden Studie bedürfen.

Hinsichtlich der PowerPoint-Präsentation ist es wichtig zu erwähnen, dass eine Schülerin mit dem Programm nicht vertraut war und das Erstellen der Präsentation trotz Hilfsangebot durch den Lehrer schwierig fand. Es wäre zukünftig sicherlich sinnvoll, die Schüler/-innen einige Wochen vor Durchführung der Unterrichtseinheit über die geplante Verwendung von PowerPoint zu informieren, damit sie sich ggf. vorab mit dem Programm vertraut machen können.

Hinsichtlich des Gefilmtwerdens fühlten sich die Schüler/-innen - wie die Befragung (11.2.6) zeigt - durchaus unbehaglich. Auf dieses Instrument sollte meines Erachtens trotzdem nicht verzichtet werden, um die Pro und Kontra-Debatte im Nachherein analysieren zu können. Möglicherweise ist es sinnvoll, das Einverständnis zukünftig schriftlich einzuholen.

Auch für die Pro und Kontra-Debatte hätte ein Mehr an Zeit die Möglichkeit geboten, die Schüler/-innen des Auditoriums ausführlicher und differenzierter, z.B. anhand von Fallbeispielen, Rückmeldung zur Debatte geben zu lassen.

Die Veröffentlichung der PowerPoint-Präsentation im Internet wurde von den Schüler/-innen - der Umfrage zufolge - begrüßt. Aus diesem Grund und auch, weil die Präsentation einen wesentlichen Bestandteil der Bewertung ausmacht, sollte auch für die Erstellung der Präsentation genügend Zeit zur Verfügung gestellt werden.

Die technische Umsetzung war insgesamt gelungen: Das elektronische Klassenzimmer mit seiner Viererplatzanordnung bot gute Möglichkeiten für die Gruppenarbeit am Computer, die WebQuests erfüllten ihren Zweck, die PowerPoint-Präsentation liefen auf den Rechnern, und der Videomitschnitt ermöglichte die spätere Analyse der Pro und Kontra-Debatte. Der lo-net^2-Zugang wurde kaum genutzt. Ich halte die Verwendung von lo-net^2 oder einer vergleichbaren „Plattform" trotzdem für empfehlenswert, weil nicht davon ausgegangen werden kann, dass alle

USB-Sticks der Schüler/-innen von den Rechnern erkannt werden und dass alle Schüler/-innen über eine Email-Adresse verfügen.

Die „Mehrgleisigkeit" bei der Möglichkeit des Datenaustausches erwies sich tatsächlich als notwendig und sinnvoll. Abstriche hinsichtlich der technischen Umsetzung gab es lediglich dadurch, dass die Rechner des elektronischen Klassenzimmers ein wenig langsam waren; sie sollen demnächst erneuert werden.

Bei der PowerPoint-Präsentation und bei der Pro und Kontra-Debatte wurden vergleichsweise wenig ethische Argumente vorgebracht, wenngleich es in allen vier Modulen des WebQuests eine Aufgabe und mindestens einen diesbezüglichen und weiterführenden Internetlink gab. Eine Möglichkeit, das Augenmerk der Schüler/-innen auf ethische Aspekte zu lenken, bestünde in der Schaffung eines zusätzlichen Ethik-Moduls im WebQuest. Auch die fächerüberverbindende Bearbeitung eines dann anders strukturierten WebQuests, z.B. zusammen mit einem Philosophie- oder Religionskurs, wäre denkbar. Die Tatsache, dass das hier vorgestellte Unterrichtskonzept keiner molekularbiologischen Vorkenntnisse bedarf, käme einem solchen Vorhaben zugute.

Insgesamt hat sich das „kooperative WebQuest" als ein didaktisches Konzept erwiesen, das in Hinblick auf die beschriebene „Positionsfindung" zielführend gewesen ist. Auch die eigenständige Erarbeitung von Fachinhalten war möglich, wie sich bei den PowerPoint-Präsentationen und deren Diskussion zeigte. Der Rahmen für die zu erarbeitenden Fachinhalte war dabei durch die Internetlinks beschränkt, und vorab wurden mittels eines kurzen Lehrervortrags die nötigen Voraussetzungen für das Verständnis der Inhalte der Internetseiten, zu denen die Links führten, geschaffen.

Das neue didaktische Konzept des kooperativen WebQuests ist somit eine wertvolle Methode, um Schüler/-innen die Auseinandersetzung mit möglichen Chancen und möglichen Risiken biologischer Techniken zu ermöglichen und dabei die Eigenständigkeit sowohl bei der Erarbeitung als auch beim Einnehmen einer fachlich begründeten Pro- oder Kontra-Position zu fördern

Beim Einsatz dieser Methode im Unterricht sind insbesondere der hohe organisatorische und möglicherweise innovative Aufwand für die Lehrerin/den Lehrer (Erstellung des WebQuests, Schaffung der technischen Voraussetzungen) und das Abstimmen der Internetlinks auf den Lernstand der Lerngruppe zu berücksichtigen. Des Weiteren ist darauf zu achten, genügend Zeit für die Nachbesprechung der Schülerpräsentationen einzuräumen, insbesondere, wenn die Bewertungsrelevanz der Schüler/-innen-Beiträge vorab als Bewertungskriterium genannt wird.

7. Die Lehrerfunktionen „Unterrichten", „Organisieren" und „Innovieren" in Hinblick auf die Entwicklung und Durchführung des Unterrichtskonzeptes

Drei „Lehrerfunktionen" waren bei der Entwicklung und Durchführung des hier vorgestellten Unterrichtskonzeptes von besonderer Bedeutung und bedingten einander: Unterrichten, Organisieren und Innovieren.

Das Unterrichtskonzept basierte auf einem WebQuest und wurde aus didaktischen Erwägungen (0 und 3.4) um kooperative Sozialformen und weitere Schüler/-innen-Aktivitäten erweitert. Das Ergebnis ist das neue didaktische Konzept „kooperatives WebQuest". Im Gegensatz zu bisherigen WebQuest-Foren (vergleiche Moser, 2000; Nolte 2006) ist die Arbeitsteilung bei der Lösung von Aufgaben bzw. Problemen beim kooperativen WebQuest zentraler Bestandteil. Die Schüler/-innen bilden ein „Team" und sind aufeinander angewiesen (vergleiche 0), wodurch selbstgesteuertes Lernen und soziale Kompetenz, u.a. in Form des Übernehmens von Verantwortung, gefördert werden. Darüber hinaus gibt es im „kooperativen WebQuest" eine Präsentationsphase in Form eines PowerPoint-Vortrags, wodurch die Medienkompetenz der Schüler/-innen gefördert wird. Des Weiteren wird eine Form des Lernens ermöglicht, welche das unbeeinflusste eigenständige Einnehmen thematischer Positionen ermöglicht.

Die Entwicklung des „kooperativen WebQuests" stellt somit eine Innovation des didaktischen Konzepts des klassischen WebQuests dar. Während das klassische WebQuests in Einzelarbeit „im stillen Kämmerlein" durchgeführt werden kann, wird das kooperative WebQuest den Möglichkeiten an der Schule gerecht, soziale Kompetenzen und Medienkompetenz zu fördern.

Die Umsetzung des Konzeptes des „kooperativen WebQuests" in Form der in dieser Arbeit vorgestellten Unterrichtseinheit erforderte vielfältige didaktische Erwägungen und Kompetenzen, die der Lehrerfunktion „Unterrichten" zugeordnet werden können: Das Interesse am Unterrichtsgegenstand wurde zu Beginn der Unterrichtseinheit dadurch geweckt, dass die Schüler/-innen Mindmaps erstellten, die an ihr Vorwissen anknüpften. Es wurde dadurch aufrecht erhalten, dass sie ihre Themen eigenständig auswählen konnten und während der Erarbeitungsphase auf ein Produkt hinarbeiteten, für das jede/jeder anteilig Verantwortung trug. Die Ankündigung der späteren Veröffentlichung trug dazu bei. Die Schüler/-innen lernten während der gesamten Unterrichtseinheit überwiegend selbstgesteuert und eigenständig.

Der Lehrer hatte die Funktion, die Unterrichtsabläufe zu initiieren, z.B. durch Instruktionen bei der Medienarbeit. Er befand sich oftmals in der Rolle des Beraters (während der Durchführung des kooperativen WebQuests) und des Moderators (während der Pro und Kontra-Debatte).

Die Umsetzung des Konzeptes erforderte darüber hinaus einen erheblichen organisatorischen Aufwand (Lehrerfunktion „Organisation"), welcher auch zu Innovationen in Bezug auf die Verwendung „neuer" Medien an der Schule führte. An erster Stelle ist das Schreiben des WebQuests mit der Auswahl der Links zu zielführenden Internetseiten zu nennen. Um den Daten- und Ideenaustausch der Schüler/-innen sowohl im Unterricht als auch außerhalb des Unterrichts zu ermöglichen, wurde ein individueller Zugang zur Schüler/-innen-Plattform „lo-net²" eingerichtet. Die Programme „Mindmanager Smart „ und „GrafStat" wurden - nach Erwerb kostenloser Lizenzen durch den Lehrer - im schulinternen Netz installiert und stehen für die Erstellung von Mindmaps und die Durchführung und Auswertung von Schülerbefragungen zukünftig im elektronischen Klassenzimmer zur Verfügung. Die Pro und Kontra-Debatte wurde gefilmt, um das spätere Anfertigen eines Protokolls und dessen Auswertung und Veröffentlichung im Internet zu ermöglichen.

Bei der Organisation der Unterrichtseinheit wurde des Weiteren durch Redundanz der Medien Sicherheit hinsichtlich eines reibungslosen Ablaufs des Unterrichts geschaffen (Beispiele: USB-Sticks, Email-Adressen und das lo-net² für den Datenaustausch; elektronische und „klassische" Form für Mindmaps und Schüler/-innen-Befragung; WebQuest-Aufgaben und -Internetlinks als PowerPoint- und plattformunabhängiges Pdf-Dokument.).

8. Zusammenfassung

Die Hausarbeit beschreibt die Entwicklung, Durchführung und Evaluation eines Unterrichtskonzeptes, welches Schüler/-innen eines Biologie-Leistungskurses der Jahrgangsstufe 12 das Einnehmen begründeter Pro- oder Kontra-Positionen hinsichtlich der Frage ermöglichen sollte, ob einzelne Gentechnologien vor dem Hintergrund ihrer möglicherweise existierenden Chancen und ihrer möglicherweise existierenden Risiken aus ihrer Sicht erstrebenswert sind oder nicht. Das Unterrichtskonzept sollte die Schüler/-innen in ihrem eigenständigen konstruktiven Lernprozess unterstützen und das weitgehend unbeeinflusste Einnehmen thematischer Positionen ermöglichen.

Zentraler Bestandteil der Entwicklung des Unterrichtskonzeptes war die Erweiterung der Methode „WebQuest“ um Aktivitäten des selbstgesteuerten Lernens und um kooperative Sozialformen zum neuen didaktischen Konzept „kooperativer WebQuest“.

WebQuests sind computergestützte Lernumgebungen, die Lernenden die Lösung umgrenzter Problemstellungen mittels Internetrecherche ermöglichen.

Weitere Neue Medien (Software zur Erstellung von Mindmaps und Schülerbefragungen) wurden in das Konzept integriert, im Unterricht jedoch nicht verwendet, was von den Schüler/-innen als positiv bewertet wurde.

In der durchgeführten Unterrichtseinheit wurden Aufgaben zu den folgenden vier Themenkomplexen bearbeitet: a) Gentherapie beim Menschen, b) Mögliche Risiken bei der Nutzung gentechnisch veränderter Pflanzen, c) Beispiel *Bt*-Mais: Herstellung, Nutzung, Kritik, d) Beispiel gentechnisch veränderte Kartoffeln: Herstellung, Nutzung, Kritik. Die Aufgabenlösungen wurden von den Schüler/-innen mittels selbsterstellter PowerPoint-Dokumente präsentiert und vom Lehrer im Internet veröffentlicht. Die Unterrichtseinheit endete mit einer Pro und Kontra-Debatte, welche digital gefilmt wurde.

Eine Besonderheit der durchgeführten Unterrichtseinheit besteht darin, dass sie für Kurse ohne molekularbiologische Vorkenntnisse konzipiert wurde und damit als motivierender Einsteig in eine molekulargenetische Unterrichtsreihe sowie für den fächerverbindenden Unterricht geeignet ist. Eine Zusammenarbeit mit einem Philosophie- oder Religionskurs wäre beispielsweise denkbar.

Das „kooperative WebQuest“ hat sich, wie die Auswertung zeigte, als ein wertvolles didaktisches Konzept erwiesen, welches den Schüler/-innen die eigenständige und unbeeinflusste Auseinandersetzung mit möglichen Chancen und Risiken biologischer Techniken ermöglicht.

Beim Einsatz der Methode im Unterricht sind insbesondere der hohe organisatorische und möglicherweise innovative Aufwand für die Lehrerin/den Lehrer und das Abstimmen der Internetlinks auf den Lernstand der Lerngruppe zu berücksichtigen. Des Weiteren ist darauf zu achten, genügend Zeit für die Besprechung der Schüler/-innen-Präsentationen einzuräumen.

9. Verzeichnis verwendeter Literatur und weiterer Quellen

9.1. Verwendete Literatur

Baumert J., Klieme E. (2000) TIMMS - Impulse für Schule und Unterricht. BMBF, Bonn. Online im Internet (26.05.2007): http://www.bmbf.de/pub/timss.pdf.

Brauneck P. & Becker G. (2006) Lehrerfortbildung in Nordrheinwestfalen: Methodensammlung - Anregungen und Beispiele für die Moderation. Landesinstitut für Schule/Qualitätsagentur, Soest.

Brown T.A. (1999) Moderne Genetik, 2. Auflage. Spektrum, Heidelberg, Berlin. ISBN 3-8274-0306-5.

Brüning L. & Saum, T. (2006) Erfolgreich unterrichten durch Kooperatives Lernen; Strategien zur Schüleraktivierung. Neue Deutsche Schuler Verlag, Essen. ISBN 10 3-87964-306-7.

Handbuch Medienpädagogik, VS Verlag, im Druck. Zusammenfassung online: mediendidaktik.uni-duisburg-essen.de/files/mediendididaktik-hb-mp.pdf; 22.5.2007.

Heß D. (1992) Biotechnologie der Pflanzen. Verlag Eugen Ulmer, Stuttgart. ISBN 3-8252-8060-8.

Ibelgaufts H. (1993) Gentechnologie von A bis Z, Studienausgabe. VCH-Verlag, Weinheim. ISBN 3-527-30008-2.

Kerres, M. (2007). Mediendidaktik. In: von Gross F., Hugger K.-U., Sander U. (Hrsg.)

Klieme E., Baptist P., Baumert J., Blum W., Bos W., Doll J., Knoll S., Köller O., Prenzel M., Schecker H., Schümer G., Trautwein U., Watermann R. (2001) TIMSS – Impulse für Schule und Unterricht. Forschungsbefunde, Reforminitiativen, Praxisberichte und Video-Dokumente. BMBF, Bonn. Online im Internet (26.05.2007): http://www.bmbf.de/pub/ timss.pdf

Kron F.W. & Sofos A. (2003) Mediendidaktik. Ernst Reinhardt Verlag, München, Basel. 382522404X.

Moser H. (2000) Abenteuer Internet, Lernen mit WebQuests. Verlag Pestalozzianum, Auer Verlag. ISBN 3-403-03467-4

Nolte M. (2006) WebQuests in der Gesundheitserziehung - selbstständige Auseinandersetzung mit dem Thema Rauchen. In: Unterricht Biologie 320, 40-43. Friedrich Verlag, Velber. ISSN 0341-5260.

Odenbach W. (1997) Biologische Grundlagen der Pflanzenzüchtung. Parey Buchverlag, Berlin. ISBN 3-8263-3096-X.

Price B. (2003) Problem- und forschungsorientiertes Lernen. Praxishandbuch für Lernende und Lernbegleiter in der Pflege. Verlag Huber, Bern. ISBN 3456842589.

Richtlinien und Lehrpläne für die Sekundarstufe II, Gymnasium/Gesamtschule, in Nordrhein-Westfalen: Biologie. 1. Auflage, 1999 - Hrsg.: Ministerium für Schule, Jugend und Kinder des Landes NRW. Vertrieb: Ritterbach Verlag GmbH, Frechen, www.ritterbach.de. ISBN 3-89314-600-8.

Scheunpflug A. (2005) Biologische Grundlagen des Lernens. Cornelsen Scriptor, Berlin. ISBN 3-589-21430-9.

Staiger S. (2001) WebQuest - eine Methode zum handlungsorientierten Einsatz des Internets als Informationsquelle. Grundlagen und ein Unterrichtsprojekt in einer Berufsschulklasse. In: Die berufsbildende Schule 53, 130-133. Heckner Druck- und Verlagsgesellschaft, Wolfenbüttel. ISSN 0005-951x.

Tulodziecki G, Herzig B., Grafe S. (2004) Handbuch Medienpädagogik Band 2: Mediendidaktik. Klett-Cotta. ISBN 3608942319

Weber T.W. (2002) Genforschung. Reihe DuMont Schnellkurs, DuMont Literatur- und Kunstverlag, Köln. ISBN 3-8321-5957-6.

Zarzer B. (2006) Einfach GEN:ial. Die grüne Gentechnik: Chancen, Risiken und Profite. Reihe Telopolis, Heise Zeitschriften Verlag, Hannover. ISBN 3-936931-30-5.

9.2. Zitierte Internetseiten

http://www.aula21.net/Wqfacil/webeng.htm
http://www.biokurs.de/skripten/13/bs13-10.htm
http://www.free.pages.at/rw_rpi/Schule/Webquest%20Klonen%20E5a/klonen_index.htm
http://www.grafstat.de/
http://www.lo-net2.de/
http://www.schule.comunetix.de/mindjet
http://www.zebis.ch/tools/easywebquest/

10. Danksagung

Ich danke Frau Geißler für die Möglichkeit der Erprobung des Unterrichtskonzeptes in ihrem Leistungskurs und für ihre Rückmeldung zum Unterricht.

Ich danke den Schüler/-innen des Leistungskurses für ihre engagierte Mitarbeit während und außerhalb des Unterrichts.

Ich danke den Kolleginnen und Kollegen des Städtischen Gymnasiums Gütersloh für ihre bisherige Unterstützung.

Ich danke meinen Seminarleitern für ihre bisherige Unterstützung.

11. Anhang

11.1. Verzeichnis der Materialien im Anhang

Hinweis: Hyperlinks!

.

11.2. Materialien

11.2.1. Mindmaps der Schüler/-innen über die Bedeutung des Begriffs „Gentechnologie“

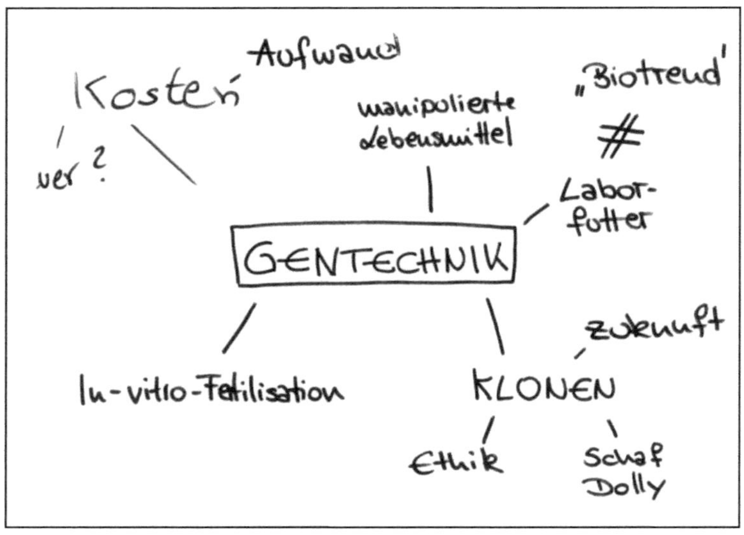

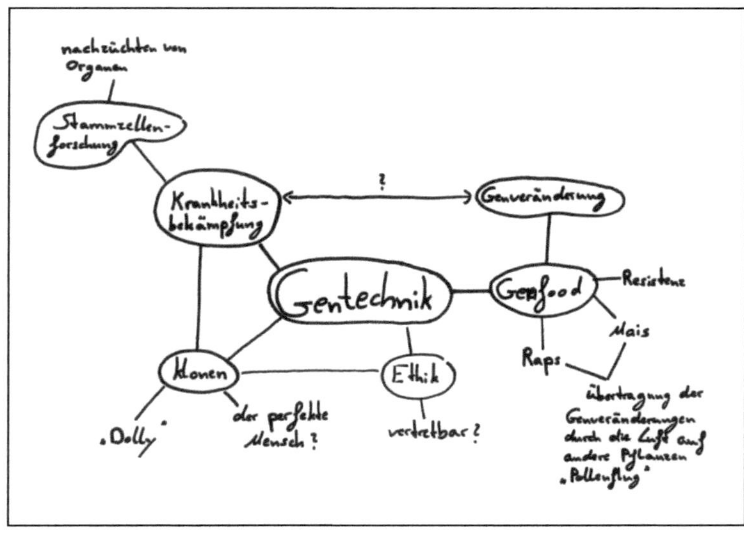

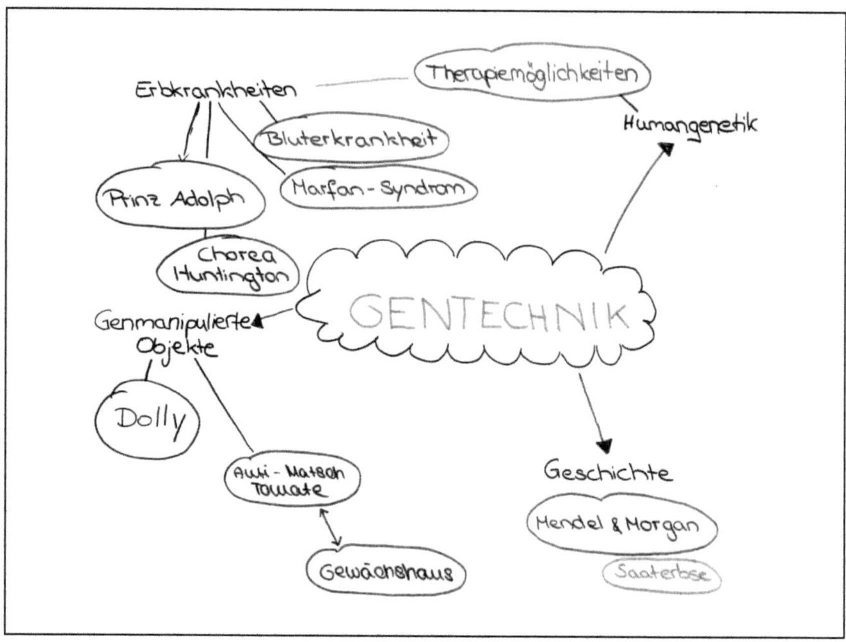
Erbkrankheiten
Therapiemöglichkeiten
Humangenetik
Bluterkrankheit
Marfan-Syndrom
Prinz Adolph
Chorea Huntington
GENTECHNIK
Genmanipulierte Objekte
Dolly
Anti-Matsch Tomate
Gewächshaus
Geschichte
Mendel & Morgan
Saaterbse

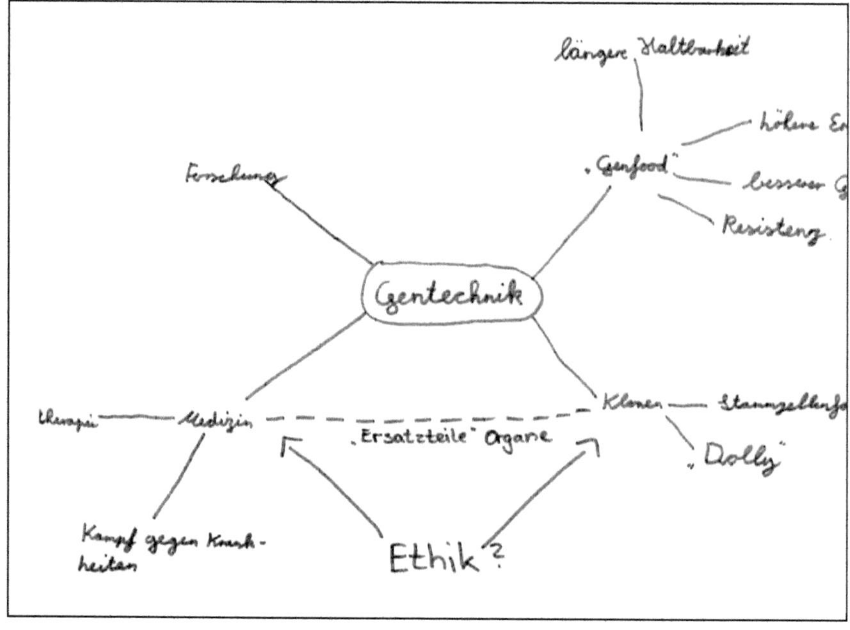
längere Haltbarkeit
höhere E
„Genfood"
besserer G
Resistenz
Forschung
Gentechnik
Therapie
Medizin
Klonen
Stammzellenfo
„Ersatzteile" Organe
„Dolly"
Kampf gegen Krankheiten
Ethik?

11.2.2. Startbild des WebQuests

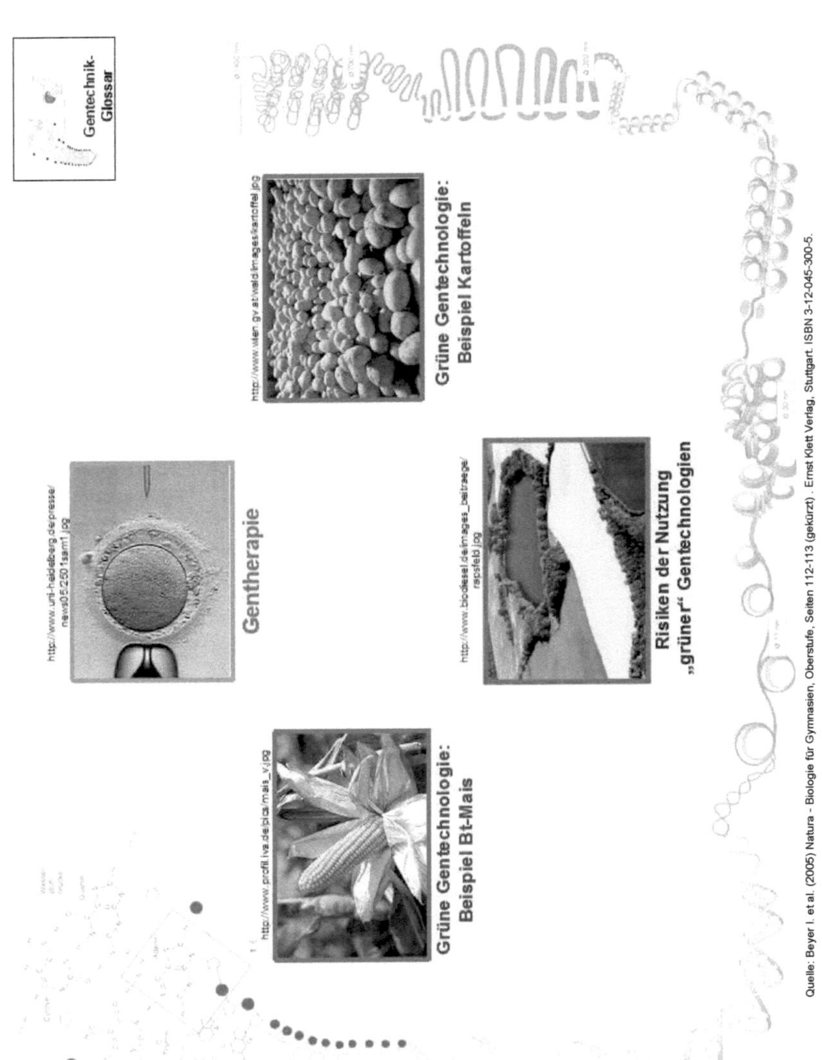

11.2.3. Im WebQuest verwendete Links (Hyperlinks!)

Links zum Modul „*Bt*-Mais: Herstellung, Nutzung, Kritik":

Aufgabe	Link
1	http://www.learn-line.nrw.de/angebote/genbiotec/medio/100.htm http://www.bionetonline.org/deutsch/Content/ff_tool.htm http://www.biosicherheit.de/de/gentransfer/ http://www.eibe.info/
2	http://www.biosicherheit.de/de/lexikon/62.antibiotikaresistenz_gen.html
3	http://de.wikipedia.org/wiki/Gentechnik http://www.bundesregierung.de/Content/DE/Artikel/2006/11/2005-11-01-gentechnik-fragen-und-antworten.html#doc110156bodyText13
4	http://www.das-parlament.de/2006/10/Thema/017.html0 http://www.ked-bayern.de/Flyer_Titelseite/EED%20Gentechnik%20M%E4rz%2006.pdf http://www.gen-ethisches-netzwerk.de/gen/html/aktuell/dokus/0612usp_CRtour_gid179.pdf http://www.bionetonline.org/deutsch/content/ff_cont4.htm
5	http://www.biosicherheit.de/de/mais/ http://www.biosicherheit.de/de/mais/146.doku.html http://www.eibe.info/
6	http://www.biosicherheit.de/de/mais/ http://www.biosicherheit.de/de/mais/resistenz/ http://www.biosicherheit.de/de/mais/auskreuzung/ http://www.eibe.info/
7	http://www.bionetonline.org/deutsch/content/ff_eth.htm http://www.dialog-gentechnik.at/index.php?id=10014370&txgroup=10014379 http://www.gen-ethisches-netzwerk.de/ http://www.heise.de/tp/r4/inhalt/leb_5.html

Links zum Modul „gentechnisch veränderte Kartoffeln: Herstellung, Nutzung und Kritik":

Aufgabe	Link
1	http://www.learn-line.nrw.de/angebote/genbiotec/medio/100.htm http://www.bionetonline.org/deutsch/Content/ff_tool.htm http://www.biosicherheit.de/de/gentransfer/ http://www.eibe.info/
2	http://www.biosicherheit.de/de/lexikon/62.antibiotikaresistenz_gen.html
3	http://de.wikipedia.org/wiki/Gentechnik http://www.bundesregierung.de/Content/DE/Artikel/2006/11/2005-11-01-gentechnik-fragen-und-antworten.html#doc110156bodyText13
4	http://www.das-parlament.de/2006/10/Thema/017.html0 http://www.ked-bayern.de/Flyer_Titelseite/EED%20Gentechnik%20M%E4rz%2006.pdf http://www.gen-ethisches-netzwerk.de/gen/html/aktuell/dokus/0612usp_CRtour_gid179.pdf http://www.bionetonline.org/deutsch/content/ff_cont4.htm
5	http://www.biosicherheit.de/de/kartoffel/krankheiten/462.doku.html
6	http://www.biosicherheit.de/de/kartoffel/krankheiten/462.doku.html http://www.biosicherheit.de/de/kartoffel/krankheiten/151.doku.html
7	http://www.bionetonline.org/deutsch/content/ff_eth.htm http://www.dialog-gentechnik.at/index.php?id=10014370&txgroup=10014379 http://www.gen-ethisches-netzwerk.de/ http://www.heise.de/tp/r4/inhalt/leb_5.html

Links zum Modul „Gentransfer und `Novel Food´ - Risiken bei der Nutzung gentechnisch veränderter Pflanzen?“:

Aufgabe	Link
1	http://www.learn-line.nrw.de/angebote/genbiotec/medio/100.htm http://www.eibe.info/ http://www.bionetonline.org/deutsch/Content/ff_tool.htm http://www.biosicherheit.de/de/gentransfer/ http://www.biosicherheit.de/de/gentransfer/neue_verfahren/
2	http://www.br-online.de/umwelt-gesundheit/unserland/landwirtschaft_forst/landw_verbraucher/gentechnik_pflanzen.shtml http://www.biosicherheit.de/de/lexikon/62.antibiotikaresistenz_gen.html http://www.transgen.de/sicherheit/markergene/330.doku.html
3	http://de.wikipedia.org/wiki/Gentechnik http://www.bundesregierung.de/Content/DE/Artikel/2006/11/2005-11-01-gentechnik-fragen-und-antworten.html#doc110156bodyText13
4	http://www.ked-bayern.de/Flyer_Titelseite/EED%20Gentechnik%20M%E4rz%2006.pdf http://www.gen-ethisches-netzwerk.de/gen/html/aktuell/dokus/0612usp_CRtour_gid179.pdf http://www.bionetonline.org/deutsch/content/ff_cont4.htm
5	http://www.transgen.de/pdf/kompakt/freisetzung.pdf http://www.biosicherheit.de/de/archiv/2004/276.doku.html http://www.biosicherheit.de/de/lexikon/15.gentransfer_horizontal_vertikal.html http://www.biosicherheit.de/de/fokus/gentransfer/ http://www.biosicherheit.de/de/gentransfer/markergene/236.doku.html http://www.stmugv.bayern.de/umwelt/gentechnik/chancen/ant30d.htm
6	http://www.bionetonline.org/deutsch/content/ff_cont6.htm http://www.bionetonline.org/deutsch/Content/ff_eth.htm http://www.stmugv.bayern.de/umwelt/gentechnik/chancen/ant27.htm http://www.transgen.de/sicherheit/allergien/ http://www.transgen.de/sicherheit/allergien/323.doku.html http://www.transgen.de/einkauf/datenbank/ http://www.bionetonline.org/deutsch/Content/ff_cont4.htm http://www.transgen.de/sicherheit/novelfood/341.doku.html
7	http://www.bionetonline.org/deutsch/content/ff_eth.htm http://www.dialog-gentechnik.at/index.php?id=10014370&txgroup=10014379 http://www.gen-ethisches-netzwerk.de/ http://www.heise.de/tp/r4/inhalt/leb_5.html

Links zum Modul „Gentherapie beim Menschen – Mittel gegen Krebs und AIDS?“:

Aufgabe	Link
1	http://www.quarks.de/gentherapie/index.htm http://www.quarks.de/gentherapie/05.htm http://www.quarks.de/gentherapie/00.htm http://de.wikipedia.org/wiki/Gentherapie http://www.learn-line.nrw.de/angebote/genbiotec/medio/181.htm http://www.wz.nrw.de/infodienst/infodienst_gt.htm http://www.unifr.ch/nfp37/index-d.html http://www.i-s-b.org/wissen/broschuere/somat.htm http://e-learning.studmed.unibe.ch/Gen_Kurs/GEN_KURS/TECHN/MEN02.HTM http://www.heise.de/tp/r4/artikel/2/2500/1.html
2	http://de.wikipedia.org/wiki/Gentherapie
3	http://www.georg-speyer-haus.de/press/media/03Apr06_Gentherapie_dt.pdf http://www.heise.de/tp/r4/artikel/22/22656/1.html http://www.sciencegarden.de/berichte/200608/christopher_baum/christopher_baum.php http://www.sciencegarden.de/berichte/200608/monika_feuerlein/monika_feuerlein.php
4	http://www.google.de
5	http://www.g-o.de/index.php?cmd=focus_detail2&f_id=10&rang=5 http://www.bundesaerztekammer.de/page.asp?his=0.7.45.3251 http://www.br-online.de/alpha/forum/vor9901/19990113_i.shtml http://www.dialog-gentechnik.at/index.php?id=10014370&txgroup=10014379 http://www.gen-ethisches-netzwerk.de/ http://www.heise.de/tp/r4/inhalt/leb_5.html

11.2.4. Arbeitsblatt „Richtig oder Falsch?"

Arbeitsblatt zum WebQuest „Chancen und Risiken der Gentechnologie".
Kurs: 12 LK, Frau Geißler. Datum: 28. März 2007

Name der Schülerin / des Schülers:..

Richtig oder falsch?

Aufgabe: Vermerke, ob die Aussage richtig (r) oder falsch (f) ist, und korrigiere die Aussage ggf. durch Streichungen oder/und Ergänzungen im Leerraum desselben Kästchens.*

		r/f
1.	Die Erbsubstanz besteht aus zwei gegenläufig orientierten Polynukleotidsträngen, welche über sog. „Wasserstoffbrückenbindungen" zwischen den Basen miteinander verbunden sind.	
2.	Dadurch, dass stets Adenin mit Thymin und Cytosin mit Guanin über Wasserstoffbrückenbindungen miteinander verbunden sind, entsteht die Tertiärstruktur der DNS: die typische Doppelhelix.	
3.	Mittels gentechnologischer Methoden können einzelne Gene gezielt ausgetauscht werden. Das ursprüngliche Gen wird dabei zunächst aus dem DNA-Strang herausgeschnitten, und das „neue" Gen mittels eines Enzyms eingefügt. Dieses Enzym heißt „Restriktionsenzym".	
4.	Pflanzen können unter Verwendung des Bodenbakteriums *Agrobacterium tumefaciens* gentechnisch verändert werden. Bei dem Verfahren werden die Bakterien mittels einer sog. Partikelkanone in die Pflanzen eingebracht.	
5.	Antibiotikaresistenzgene werden als Selektionsmarker eingesetzt: Nur nichttransgene Pflanzen überleben.	
6.	In Studien wurde untersucht, inwieweit veränderte Gene aus der Pflanze von Bodenbakterien aufgenommen werden können. Diese Form der Genübertragung wird vertikaler Gentransfer genannt.	
7.	*Bt*-Mais enthält ein Gen des Bakteriums *Bacillus thuringiensis* und produziert ein Gift, welches vor allem Larven des Maiszümblers tötet.	
8.	Kartoffeln, die nicht gentechnisch verändert wurden, produzieren keinesfalls kein Lysozym. In Tränenflüssigkeit ist Lysozym enthalten.	
9.	Bei der Therapie der septischen Granulomatose in Frankfurt am Main wurden Stammzellen verwendet, denn ohne Stammzellen ist eine Gentherapie nicht möglich.	
10.	Retruviren spielen bei der Gentherapie eine Rolle, weil sie virale Erbinformation als Fremdgene in die DNA der Wirtszelle einschleusen können.	
11.	Gentechnik ist gut.	
12.	Gentechnik ist schlecht.	

* Der Leerraum wurde in dieser Textversion entfernt.

J. Nagel-Volkmann, März 2007

11.2.5. Protokoll der Pro und Kontra-Debatte

Moderator	Aspekt	Pro-Argument	Kontra-Argument
erbittet Statements	Statement Pro	Der Klimawandel in einer globalisierten Welt erfordert neue Technologien.	
	Statement Kontra		Gentechnik interessiert sich mehr für das Machbare und den wirtschaftlichen Nutzen als für ethische Fragen. 80 Prozent der deutschen Bevölkerung lehnen „Genfood" ab, und auch in der 3. Welt gibt es Proteste gegen den Anbau.
	3. Welt	Nutzen für 3. Welt: Vergrößerung der Anbaufläche und Ertragssteigerung lösen das Welthungerproblem. Erhöhung der Qualität beugt Mangelerkrankungen vor (Vitamin A-Reis).	
			Welthungerproblem beruht auf ungleicher Verteilung der Ressourcen. Abhängigkeit von Saatgutproduzenten erhöht Kosten.
		Auch ohne gentechnisch veränderte Pflanzen bestehen Abhängigkeiten. Bei Vitamin A-Reis wurde auf Lizenzgebühren verzichtet! Lösung: Selbstversorgung.	
			Vorteile liegen trotzdem bei den Belieferern, und das sind die Industrienationen.
fordert auf, auf mögliche bzw. vermeintliche Risiken der Gentechnik zu sprechen zu kommen	gesundheitliche Risiken		Schädigung durch „Genfood" nicht bewiesen, doch können DNA und damit Antibiotikaresistenzgene in das Blut gelangen. Antibiotikaresistenzen sind damit möglich
		Seit 2005 ist der Einsatz von Antibiotikaresistenzmarkern nicht mehr zugelassen.	
			Sterlings-Mais wurde in den USA nur als Futtermittel zugelassen, weil er möglicherweise Allergien auslösen kann.

Fortsetzung nächste Seite

Moderator	Aspekt	Pro-Argument	Kontra-Argument
		Gerade durch Gentechnik ist es möglich, Allergie auslösende Stoffe aus den Pflanzen zu entfernen. Entsprechende Forschung wird derzeit an Reis betrieben, weil einige Menschen im asiatischen Raum gegen Reis allergisch reagieren.	
	Technikfolgen-abschätzung	Sicherheit wird ständig erhöht.	
			Bei einem so komplexen System kann die Sicherheit nicht restlos gewährleistet sein. Falls etwas Unerwartetes geschieht, kann dies irreversibel sein. Es gibt zu wenige Langzeitstudien.
		Deshalb werden gentechnisch veränderte Pflanzen auf kontrollierten Feldern angebaut und stärker kontrolliert als importierte Pflanzen.	
fordert auf, auf ökologische Sicherheitsaspekte zu sprechen zu kommen.	Ökologische Aspekte: vertikaler Gentransfer		Auch auf Versuchsfeldern ist die Kontrolle nicht gewährleistet. Beispiel: Spekulation über vertikalen Gentransfer durch Pollenflug.
		Deshalb sind Versuchsfelder isoliert.	
			Eine Isolation ist bei einem 2m-Abstand nicht vorhanden.
fordert auf, auf die Gentherapie zu sprechen zu kommen.	Gentherapie		Sieht keine Risiken in der Verwendung gentherapeutischer Methoden.
fordert auf, auf ethische Aspekte zu sprechen zu kommen.	Ökologische Aspekte: Sortenvielfalt		Die Sortenvielfalt geht zurück.
		Eben dadurch, dass gentechnisch veränderte Sorten resistent gegen Fressfeinde sind, bleibt diese erhalten	

Fortsetzung nächste Seite

I

Anhang

Moderator	Aspekt	Pro-Argument	Kontra-Argument
			Durch den Anbau spezieller Sorten wird die natürliche Artenvielfalt dennoch eingeschränkt.
		Das geschieht durch die Verwendung von Pflanzenschutzmitteln ebenso.	
fordert auf, auf die Keimbahntherapie zu sprechen zu kommen.	Keimbahntherapie	Lehnt Keimbahntherapie ab, weil der ganze Mensch verändert und die veränderten Eigenschaften vererbt werden können. Die somatische Gentherapie ist aber zu verantworten. Die Forschung hierzu muss allerdings noch voranschreiten.	
			Stimmt dem zu.
erbittet abschließende Statements	Statement Kontra		Gegen weitere Ausbreitung der Gentechnologie. Eigenheiten der Organismen gehen verloren. Auswirkungen auf das Ökosystem unklar. Der Mensch sollte die Evolution nicht steuern. Aus der Monopolstellung der Herstellerfirmen entstehen wirtschaftliche Abhängigkeiten. Der wirtschaftliche Nutzen wird wichtiger genommen als ethische Aspekte.
	Statement Pro	Gentechnik ist die Zukunft. Die gentechnische Herstellung von Pflanzen mit neuen Eigenschaften ist nur die Fortentwicklung der klassischen Züchtung, durch welche die Arten ebenfalls verändert werden. „Unheilbare Krankheiten" könnten heilbar werden. Voraussetzung: Investition in die Forschung.	

Ende

11.2.6. „Evaluation“ der Unterrichtseinheit

Biologie-Leistungskurs, Jahrgangsstufe 12.Fachlehrerin: Frau Geißler.

*Unterrichtseinheit durchgeführt von Dr. J. Nagel-Volkmann
vom 19. - 30. März 2007 (10 Unterrichtsstunden).*

„Evaluation“ der „WebQuest“-basierten Unterrichtseinheit über Chancen und Risiken der grünen und therapeutischen Gentechnologie (4 Seiten!)

A. Fragen zum Unterricht

1. Fragen zur Unterrichtseinheit	***Die Aussage trifft zu:***				
	voll	*weit-gehend*	*eher nicht*	*gar nicht*	*Summe*
1. Das Thema hat mich interessiert.	7	8	0	0	15
2. Ich würde es begrüßen, weniger Themen in derselben Zeit zu bearbeiten.	4	9	2	0	15
3. Ich würde es begrüßen, die Anzahl der Themen beizubehalten und für diese mehr Zeit zur Verfügung zu haben.	11	3	1	0	15
4. Die Menge der Hausaufgaben fand ich angemessen.	7	6	0	1	14
5. Ich fand es gut, dass zu Beginn der Unterrichtseinheit die Bewertungskriterien genannt wurden.	6	8	0	0	14

2. Fragen zum Lernklima	***Die Aussage trifft zu:***				
	voll	*weit-gehend*	*eher nicht*	*gar nicht*	*Summe*
6. Der Lehrer wirkte auf mich selbst am Thema interessiert.	14	1	0	0	15
7. Der Lehrer wirkte auf mich engagiert.	13	2	0	0	15
8. Der Lehrer konnte mir Sachverhalte gut erklären.	8	7	0	0	15
9. Das Lernklima fand ich gut.	3	9	3	0	15

3. Fragen zur „Einführung in die Gentechnologie“	Die Aussage trifft zu:				
	voll	weit-gehend	eher nicht	gar nicht	Summe
10. Ich hätte das Mindmap lieber mit einer Software als Freihand erstellt.	0	3	8	4	15
11. Ich fand es gut, mir den Aufbau der DNA selbst zu erarbeiten, anstatt diesen vom Lehrer erklärt zu bekommen.	4	5	6	0	15

4. Fragen zur Pro und Kontra-Debatte	Die Aussage trifft zu:				
	voll	weit-gehend	eher nicht	gar nicht	Summe
12. Es fiel mir leicht, Argumente „für“ und „gegen“ bestimmte Aspekte der Gentechnologie zu finden und gegenüberzustellen.	7	8	0	0	15
13. Es fiel mir leicht, hinsichtlich bestimmter Aspekte der Gentechnologie eine Pro- oder Kontra-Position zu beziehen.	4	8	3	0	15
14. Es war für mich nicht weiter schlimm, gefilmt zu werden.	4	6	3	1	14

B. Fragen zum WebQuest

5. Fragen zur Internetrecherche	Die Aussage trifft zu:				
	voll	weit-gehend	eher nicht	gar nicht	Summe
15. Ich wurde hinreichend in die Durchführung des WebQuest eingeführt.	7	8	0	0	15
16. Die technische Umsetzung des WebQuest war - unter Beachtung der zur Verfügung stehenden Möglichkeiten - in Ordnung.	5	8	2	0	15
17. Die Aufgabenstellungen des WebQuest waren mir verständlich.	6	7	2	0	15
18. Die Inhalte der verlinkten Webseiten waren mir verständlich.	8	6	1	0	15
19. Die Links des WebQuest ermöglichten mir die Lösung der gestellten Aufgaben.	6	6	2	1	15
20. Ich hätte lieber selbst recherchiert anstatt mit Links zu arbeiten.	2	4	8	1	15
21. Ich fand es sinnvoll, die Bearbeitung der Aufgaben in der Gruppe aufzuteilen.	11	3	1	0	15
22. Ich hätte lieber alle Aufgaben selbst bearbeitet.	2	0	4	9	15

6. Fragen zur Powerpoint-Präsentation	Die Aussage trifft zu:				
	voll	weit-gehend	eher nicht	gar nicht	Summe
23. Die Erstellung der Präsentation mit PowerPoint fiel mir leicht.	9	5	0	1	15
24. Die für die Präsentation zur Verfügung stehende Zeit fand ich angemessen.	0	2	8	5	15
25. Ich habe die meisten Inhalte der Präsentationen der anderen verstanden.	1	11	2	0	14
26. Ich hätte gern noch eine weitere Stunde für die inhaltliche Nachbesprechung der Präsentationen gehabt.	5	9	1	0	15
27. Das „Richtig-Oder-Falsch-Quiz" am Ende der Präsentation hat mir geholfen, mein Verständnis der wesentlichen Fachinhalte zu überprüfen.	0	8	6	0	14

7. Fragen zur Veröffentlichung im Internet	Die Aussage trifft zu:				
	voll	weit-gehend	eher nicht	gar nicht	Summe
28. Ich finde es gut, dass unsere Präsentation auf die Homepage der Schule gestellt werden wird.	2	11	1	1	15
29. Ich würde die Präsentation gern selbst auf die Homepage der Schule stellen.	0	1	4	8	13
30. Ich hätte gern noch Zeit, um die Präsentation zu überarbeiten.	2	3	6	3	14

C. WEITERE FRAGEN

8. lo-net²	Die Aussage trifft zu:				
	voll	weit-gehend	eher nicht	gar nicht	Summe
31. Die Einrichtung eines virtuellen Klassenraums im lo-net² finde ich nützlich.	2	11	1	1	15

D. VERBESSERUNGSVORSCHLÄGE

Ich habe drei Verbesserungsvorschläge (bitte in Stichworten!):

1.	mehr Zeit...:	11 x
2.	weniger hektisch:	5 x
3.	Zeitplan vorher nicht besprechen:	2 x
	weniger übereinstimmende Aufgaben:	1 x

E. ANMERKUNGEN (OPTIONAL)

- „Nette Abwechslung - häufiger!“
- „Gute Vermittlung.“
- „Hat Spaß gemacht.

F. DIE QUINTESSENZ

	ja	*nein*	*Summe*
Ich würde dieses Thema wieder mittels eines WebQuests erarbeiten wollen.	13	1	14

Vielen Dank für Ihre Mitarbeit!

J. Nagel-Volkmann